少年趣味科学丛书

奇妙的南极

QIMIAO DE NANJI

詹以勤 主编
金涛 著

广西科学技术出版社

图书在版编目（CIP）数据

奇妙的南极 / 金涛著. —2 版. —南宁：广西科学技术出版社，2012.6（2020.6 重印）

（少年趣味科学丛书）

ISBN 978-7-80565-674-8

Ⅰ. ①奇… Ⅱ. ①金… Ⅲ. ①南极—少年读物 Ⅳ. ①P941.61-49

中国版本图书馆 CIP 数据核字（2012）第 138009 号

少年趣味科学丛书

奇妙的南极

金涛 著

责任编辑 梁珂珂　　封面设计 叁壹明道

责任校对 陈业槐　　责任印制 韦文印

出 版 人 卢培钊

出版发行 广西科学技术出版社

（南宁市东葛路 66 号　邮政编码 530023）

印　　刷 永清县晔盛亚胶印有限公司

（永清县工业区大良村西部　邮政编码 065600）

开　　本 700mm×950mm　1/16

印　　张 8

字　　数 103 千字

版次印次 2020 年 6 月第 2 版第 7 次

书　　号 ISBN 978-7-80565-674-8

定　　价 16.00 元

本书如有倒装缺页等问题，请与出版社联系调换。

少年科学文库

顾问：

严济慈　周培源　卢嘉锡　钱三强　周光召　贝时璋
吴阶平　钱伟长　钱临照　王大珩　金善宝　刘东生
王绶琯　谈家桢

总主编：

王梓坤　林自新　王国忠　郭正谊　朱志尧　陈恂清

编委：

王梓坤　王国忠　申先甲　朱志尧　刘后一　刘路沙
陈恂清　金　涛　周文斌　林自新　郑延慧　郭正谊
徐克明　饶忠华　詹以勤

《少年趣味科学丛书》

主　　编：詹以勤
选题策划：黄　健

代序　致二十一世纪的主人

钱三强

时代的航船已进入 21 世纪，这个时期，对我们中华民族的前途命运，是个关键的历史时期。现在 10 岁左右的少年儿童，到那时就是驾驭航船的主人，他们肩负着特殊的历史使命。为此，我们现在的成年人都应多为他们着想，为把他们造就成 21 世纪的优秀人才多尽一份心，多出一份力。人才成长，除了主观因素外，客观上也需要各种物质的和精神的条件，其中，能否源源不断地为他们提供优质图书，对于少年儿童，在某种意义上说，是一个关键性条件。经验告诉人们，一本好书往往可以造就一个人，而一本坏书则可以毁掉一个人。我几乎天天盼着出版界利用社会主义的出版阵地，多为我们 21 世纪的主人多出好书。广西科学技术出版社在这方面作出了令人欣喜的贡献。他们特邀我国科普创作界的一批著名科普作家，编辑出版了大型系列化自然科学普及读物——《少年科学文库》（以下简称《文库》）。《文库》分“科学知识”“科技发展史”和“科学文艺”三大类，约计100种。《文库》除反映基础学科的知识外，还深入浅出地全面介绍当今世界最新的科学技术成就，充分体现了90年代科技发展的前沿水平。现在科普读物已有不少，而《文库》这批读物特有魅力，主要表现在观点新、题材新、角度新和手法新，内容丰富、覆盖面广、插图精美、形式活泼、语言流畅、通俗易懂，富于科学性、可读性、趣味性。因此，说《文库》是开启科技知识宝库的钥匙，缔造21世纪人才的摇篮，并不夸张。《文库》将成为中国少年朋友增长知识、发展智慧、促进成才的亲密朋友。

亲爱的少年朋友们，当你们走上工作岗位的时候，呈现在你们面前的将是一个繁花似锦、具有高度文明的时代，也是科学技术高度发达的崭新时代。现代科学技术发展速度之快、规模之大、对人类社会的生产和生活产生影响之深，都是过去无法比拟的。我们的少年朋友，要想胜任驾驭时代航船，就必须从现在起努力学习科学，增长知识，扩大眼界，认识社会和自然发展的客观规律，为建设有中国特色的社会主义而艰苦奋斗。

我真诚地相信，在这方面，《文库》将会为你们提供十分有益的帮助，同时我衷心地希望，你们一定为当好21世纪的主人，知难而进，锲而不舍，从书本、从实践吸取现代科学知识的营养，使自己的视野更开阔、思想更活跃、思路更敏捷，更加聪明能干，将来成长为杰出的人才，为中华民族的科学技术走在世界的前列，为中国迈入世界科技先进强国之林而奋斗。

亲爱的少年朋友们，祝愿你们奔向 21 世纪的航程充满闪光的成功之标。

这本书告诉我们什么

《奇妙的南极》真是奇妙极了！本书作者、著名作家金涛曾两次赴南极实地考察，亲眼目睹了南极的千姿百态。他用生动、优美的笔触写下了一个又一个奇妙的故事：那儿是一个神奇的白色世界，一个由冰雪主宰的寒冷王国；那儿的大风能杀人，岛屿会游动；那儿有长年喷烟吐雾的活火山，有绚丽多姿的极光；那儿有不畏风雪的企鹅，会唱歌的鲸，还有深潜冠军威德尔海豹；那儿有萌生在岩石上的簇簇地衣，有紫外线的克星——冰藻……

奇妙的南极还有许多奥秘没有揭开，这需要一代又一代人的顽强努力。南极是属于未来的，南极是属于年轻一代的。亲爱的少年朋友，你向往去揭开这个白色世界的无数“奇妙”吗？

引　子

人类很久以来就幻想找到一个美好、和谐、没有人世间痛苦的天堂。

我们从小就听老人谈起，月亮里有一座广寒宫，那里住着美丽的嫦娥仙子和玉兔，据说还有一个名叫吴刚的人在那里砍伐月中的桂树，但是神奇的月桂随砍随长，所以吴刚只好年复一年、日复一日从事无效的劳动。这个美丽的神话把月亮描绘为美好的天堂。但是，1967 年7月20日，当美国发射的阿波罗11号飞船将宇航员送上月球，第一次将人类的足迹留在月球表面时，宇航员惊讶地发现，月里蟾宫根本不存在，这里没有嫦娥仙子和玉兔，也没有空气和水，荒凉的月球笼罩着死一般的寂静。

现代科学技术使人类插上飞向宇宙的翅膀，人类由此进入太空时代。从20世纪60年代初开始，人类已经不满足于对月球的探索，开始对太阳系的几大行星甚至更加遥远的宇宙空间进行考察。美国和苏联相继向金星发射探测器。苏联的金星7号探测器于1970年12月15日在金星表面首次成功软着陆。1973年美国成功地发射了第一个水星探测器——水手10号。1977年，美国发射的旅行者1号和旅行者2号探测器，带着地球人的梦，在成功地探测了木星和土星之后，目前正在日夜不停地飞出太阳系，向茫茫太空去寻找人类梦中的天堂。旅行者号空间探测器上携带了我们人类起源和发展的信息记录（叫做地球之音），包括115张照片，35种自然界的声音，近60种语言的问候，27种著名的乐曲，还有联合国秘书长和美国总统的讲话和贺电。它是地球人的一封郑重其事的介绍信，希望能在茫茫宇宙找到知音。但是，至少在目前，人类梦寐以求的天堂在哪里，仍然是一个无法回答的谜。

今天，航天器几乎每年都奔向太空。1981年4月12日，美国哥伦比亚号航天飞机首次试飞成功。当航天飞机飞向太空，宇航员回眸眺望我们的星球时，他们将会惊讶地发现，在地球的许多地方，城市的无限膨胀使耕地大片消失，人口的急剧增长使生存空间拥挤不堪，森林的消失使大地失去绿色的庇护，工业的污染使天空失去它的蔚蓝。曾经，宇航员还发现在海湾地区升起冲天的烟云，像暴风雨前夕升起的乌云久久不散，那是海湾战争留下的创伤：科威特和伊拉克的大片油井在熊熊燃烧，浓烟和灼热的空气正在窒息那里的一切生命，威胁着孩子们的健康。

可是，宇航员们发现，在地球的最南端，在远离其他大陆的地方，却有一块洁白无瑕、闪烁着熠熠银光的大地，和地球上许多满目疮痍的地方形成鲜明的对比。她像神话中的仙境充满神奇的色彩，她像伊甸园一样充满和平与安宁，她自古以来从未燃起战争的烽火，也没有蒙受工业文明带来的污染。不仅如此，当世界许多地方因水源不足，农民在干裂的田野上祈求老天爷发发慈悲时，这里却蕴藏了取之不尽的淡水资源；当亿万饥肠辘辘的穷人为一片面包而辛苦奔波时，这里的海洋中却有亿万吨蛋白质资源，等待人们去撒网捕捞；当石油危机的冲击波震撼着工业发达国家，人们在加油站排起长队时，这里却发现了令人兴奋的油气资源；当许多矿产枯竭的矿山纷纷倒闭，大批矿工失业时，这里丰富的地下资源使地质学家欣喜若狂。而且，当这块大陆的神秘面纱逐渐揭开时，人们终于发现，这块很久以来被遗忘的大陆，正是人类梦寐以求的天堂，它是科学的天堂，是与人类的未来与命运息息相关的人间天堂。

这，就是我们星球上的第六大陆——南极洲。

当然，说南极洲是天堂，仅仅是形象的比喻而已。和地球上其他文明大陆相比较，南极洲至今还很少受到人类活动的影响和工业文明的玷污，保持着原始的面貌，是由于它独特的地理位置和独特的自然条件所决定的。

那么，南极洲究竟是怎样的？它的神秘究竟何在？

这正是我们所感兴趣的。

目　录

第一章　神奇的白色世界

詹姆士·克拉克·罗斯

1842年，英国海军少将詹姆士·克拉克·罗斯率领的探险船埃里伯斯号和恐怖号从新西兰以南出发，穿过浮水重重的洋面，驶入南极沿岸一个深深凹进内陆的海湾——这个海湾后来以他的名字命名，称为罗斯湾。当他深入罗斯湾南部，到达南纬78度，第一眼看见渴望已久的南极大陆时，这位见多识广的探险家禁不住感到一阵目眩，他的心被南极的白色世界深深地震撼了。

眼前的景象瑰丽壮观，令人胆寒。陡立的冰崖如同一道水晶似的长城横在面前，挡住了他们的去路。抬头望去，这座冰的长城像是刀劈斧削，壁立万仞，乳白色的冰崖东西长900千米，平均高度50米，光滑的冰面熠熠闪光，有的地方悬挂着千姿百态的冰柱，迸散出逼人的寒气。冰崖深深地插入海中，海潮冲刷之处，不时有崩塌的冰山

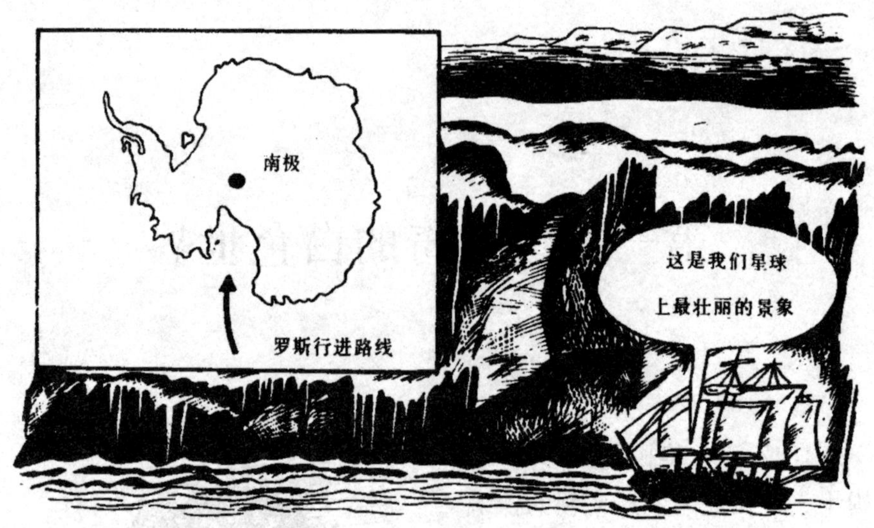

坠入海中，发出令人心悸的声音。难怪英国探险家惊叹不已，称它是我们星球上最为壮丽的景象。

罗斯发现的这道壮观的冰的长城——后来命名为罗斯冰障，是覆盖在南极大陆的巨大冰盖伸向罗斯海所形成的，这片平坦的冰原浮在海上，面积有45万至50万平方千米，比两个英国的面积还要大。

的确，不论是早期的探险，还是今天的科学考察，南极留给人们最难忘的印象，便是那无处不在，千姿百态的冰雪。

二十几年前，笔者随中国首次南极洲考察队来到南极。一天，我们的科学考察船行进在格洛克海峡，向南极半岛挺进。格洛克海峡是南极半岛和帕尔默群岛之间一条狭窄的通道，海水平静，波浪不兴，但举目四望，到处是白茫茫一片，白雪皑皑的冰峰，起伏的绵绵雪岭，静卧在海峡两岸。一切都凝固了，一切都在寒冷中安息了，听不见鸟儿的啁啾，看不见生命的绿色。向南驶去，冰山渐渐多了起来，巨大的冰山宛如水晶雕琢的琼楼玉宇，或者酷似白色的航船，有的如同银色的小岛，而在我们登陆的雷克鲁斯角，迎面屹立着陡峭的冰盖，顶部浑圆，壁立的断面可以看见一层层扭曲的纹理，发出蓝幽幽的光泽，十分壮观。

南极洲是一个神奇的白色世界，一个和我们星球上其他大陆的绿色世界截然不同的白色世界。

这是南极洲最典型的特征。

1. 地球的冰库

宇航员从太空发现，我们的地球在茫茫宇宙中是一颗蔚蓝色的行星，这是因为神奇的生命之水赋予地球最美丽的容貌。

可是，水在地球的两极却不堪忍受极地的奇寒，凝成了一片白色的冰层。但是，地球的北极只不过是被欧亚大陆和北美大陆包围的一片海洋——北冰洋，北极的冰层都是飘浮在海洋的浮冰，它们任由太阳的热力雕塑，任凭寒风驱赶，从而形成特殊的形状。

南极洲和北冰洋的情况不同，它是地球上六个大陆之一，这六个大陆是欧亚大陆、非洲大陆、北美大陆、南美大陆、澳洲大陆和南极大陆。南极大陆地域辽阔，总面积约 1400 万平方千米，占地球陆地面积的$\frac{1}{10}$。

这个数字意味着什么呢?

南极大陆比澳洲大陆要大得多，大于中国和印度面积之和，等于一个半美国的面积。也即是说，它在地球上具有举足轻重的地位。

但是，这样辽阔广大的大陆，它的自然景色却相当单调，它有广袤的高原，却没有高原上常有的绿色田野和郁郁葱葱的山林；它有山谷，却见不到奔腾在山谷中的湍急的大江大河，只有蜿蜒的冰川在阳光下闪闪发光，如同僵死的银蛇；它也有漫长的海岸线，但是看不到令人赏心悦目的金色沙滩，唯有陡峭的冰崖如阴森森的古堡。在南极大陆周围的海洋中，散布着星罗棋布的岛屿，但是这些岛屿没有蕉风椰雨的美丽景致，却是冰封雪裹，一片荒凉。总之，南极洲是一个由冰雪主宰的寒冷王国，一个名符其实的冰雪世界，这里到处都是冰、冰、冰，最流行的颜色是白色，一年四季都是白色。

如果我们有机会坐飞机越过南极上空，将会发现，南极大陆是一个中部隆起，向四周缓缓倾斜的高原，巨大而深厚的冰层如同一个银铸的大锅盖，倒扣在南极大地上面，所以又称南极冰盖。

这个巨大的冰盖不是薄薄的一层冰，像我们在冬天的湖面上见到的薄冰，随时都会破裂那样。南极冰盖的厚度相当惊人，平均厚度2000米，最厚的地方有4800米，尤其是在南极冬季降临时，大陆冰盖与周围海洋中的固定海冰连为一体，形成3300万平方千米的白色冰原，面积超过整个非洲大陆。

南极冰盖，论面积之广，体积之大，气势之雄伟，在地球上都是举世无双的。北半球的格陵兰岛也是为冰盖所覆盖，但冰盖的面积只有172万平方千米，南极大陆除了不到2%的地方有裸露的山岩而外，其余98%的地方都是冰雪王国统治的疆土。

科学家做过精确的计算，地球上无数的江河湖泊，再加上地下水资源，仅占全球陆地淡水总量的30%左右，而南极冰盖的总冰量约为3000万立方千米，也即是说，全球70%的淡水资源是贮存在南极的，以冰的形态贮存起来。从这个意义上来说，南极是地球的冰库一点也不过分。

这个大冰库一旦融化，将会产生什么样的后果呢？肯定地说，南极冰盖如果全部消融，地球上许多沿海国家的大城市都将被海水覆盖，人类将面临一场可怕的灾难。因为南极冰盖融化的大量淡水将使海平面升高50～60米，这样一来，美国纽约的自由女神铜像会沉入海底，北京的天安门广场可以行船，而全球的陆地面积会缩小2000万平方千米。

由于南极冰盖如此之大，如此之厚，它的重量当然也相当可观。在广阔无垠的冰原上，除了少数高耸的山峰露出一点尖峰陡岭，大部分陆地都埋在深深的冰层下面。实际上，南极大陆的地壳不堪重压，竟然下沉了600～1000米。

也正是因为南极冰盖严严实实覆盖在南极大陆上，至今还难以知道南极大陆真实地形的庐山真面目。多年来，地质学家想尽了各种方法，钻透冰盖，或者用人工地震法和机载无线电回声测深法来勘测冰盖下面的地形。他们惊讶地发现：有的地方冰盖下面并不是陆地，而是流动的水，水的下面才是岩石；有的地方，冰盖下面的陆地在海平面以下。尽管南极大陆目前已勘察的地方只占整个大陆的一小部分，但是科学家有充足的理由相信，如果去掉南极冰盖，南极大陆的真实面孔和现在的情况就会大不相同。

作为地球上最大的冰库，南极冰盖以其多姿多彩的形态，构成了一个美丽非凡的白色世界。

南极冰盖的最高点大约在南纬81度、东经75度一带，海拔4200米，由此向四周倾斜。由于极地猛烈的飓风，终年不息地侵蚀，冰原表面像是被锋利无比的雕刻刀塑造成参差不齐的形状，有的地方如波浪一样，有的地方高低起伏，形成高耸的山丘和深邃的冰裂缝，也有的地方冰崖陡立，冰洞奇幻无比，如同童话中的水晶宫。在早期探险时代，南极大陆的冰层使探险家们吃尽了苦头，因为冰原上到处埋伏了死亡的陷阱。

1912年，澳大利亚著名的南极探险家道格拉斯·莫森和两个伙伴在南极海岸考察。当他们行进在崎岖不平的冰原时，同伴宁尼斯连人带雪橇突然掉进了巨大的冰裂缝，顿时埋葬在无底深渊。不幸接踵而至，由于装在雪橇上的食品也被冰裂缝吞掉，食物短缺，莫森和另一个同伴梅尔茨只好靠吃狗肉维持生命，谁料梅尔茨因吃了狗肝中毒而死，孤身一人的莫森在茫茫冰原跋涉了一个多月。当死神的阴影不时掠过他的头顶时，莫森咬紧牙关，以惊人的毅力，在冰原上爬行了140千米，才侥幸拣回了一条命。

莫森

南极冰盖由于又厚又大，凭着巨大的压力，它始终在缓缓移动，尽管移动的速度很慢，肉眼难以觉察，但用仪器可以测出它的移动速度。当缓缓移动的冰盖遇到高大山脉的阻挡时，它就从山间谷地或两山之间的凹地推移过去，于是形成巨大的冰川。冰川在运动过程中挟带大批冰碛石——它由碎石岩块混杂组成，有时厚十几米。当冰川缓慢移动时，底部的冰碛物如同锉刀挖掘沿途的地面，可以形成盆地或深浅不一的沟槽。冰川表面并不平坦，而是犬牙交错的沟壑，并暗藏着大量冰裂缝，对探险家来说是相当可怕的危险地带。

南极冰盖在大陆边缘形成巨大的冰架，冰架是大陆冰盖伸向海洋的部分，它的后半部贴着海底，前半部漂在海上，它的前缘就是陡峭的冰障。不论是早期的木帆船探险，还是今天的科学考察船，南极边缘的冰障始终是难以逾越的航行障碍。

但是，对于科学家来说，南极冰盖不仅仅是大自然创造的美丽非凡的艺术品，还是一本厚厚的无字天书。它那一层层清晰的冰层，如同树木的年轮，记下了古往今来的气候变化，透露了漫长岁月的沧海桑田。

各国科学站都十分重视在南极进行冰芯探测，从取出的几千米深的冰芯中，分析其中的氧同位素、尘埃、二氧化碳以及微量元素，进一步推算几十万年甚至100万年以来地球气候变化的规律。法国、苏联的科学家，利用东方站取出的2083米的冰芯，揭示了最近16万年的气候详细情况，人类由此可以预测今后全球气候变化的趋势。

2. 地球的冰箱

1961年，日本横穿南极大陆的一支考察队，雄心勃勃地从日本在南极东翁古岛的昭和站出发，打算一举征服地球最南端的南极点。

日本考察队配备了履带式雪车，考察队的科学家和各种物资都由雪车运输，在他们看来有了这样现代化的车辆，征服南极点是不成问题的。岂料，越往南走，气温越来越低，当行进在茫茫冰原上时，履带式雪车突然熄火，再也不能开动了。驾驶人员冒着彻骨的寒风钻出驾驶室下车检查，不禁暗暗叫苦，雪车的弹簧因不堪南极的奇寒而断裂。钢铁的零件也经受不住寒冷的考验，这说明南极的天气何等寒冷。

日本横穿南极大陆的计划只好告吹。为了有朝一日重新登上征服南极点的旅途，日本有关部门集中了国内许多科学家，专门研制耐寒冷的钢材，试制适合在南极恶劣气候行驶的新型雪车，并且在日本北部冬季最寒冷的北海道进行实地试验。经过 8 年艰苦不懈的努力，日本终于试制了新型的抗寒冷的 KD60 型雪车，于 1968 年 9 月至 1969 年 2 月，历时 141 天，行程 5200 千米，完成了到南极点的往返考察。在这次远征南极点的行程中，他们记录到的最低气温是零下 60 摄氏度！

“天寒色青苍，北风叫枯桑，原冰无裂文，短日有青光。”我国唐代诗人孟郊这首题为《苦寒吟》的诗，用来形容南极冰原的酷寒，似乎还不足表现这个寒冷世界的万一。

南极是世界上最寒冷的地方，堪称“世界寒极”。与南极遥相对应的地球的北极，也是世界上有名的寒冷之地，但是北极的气温比南极要温和得多，这是因为北极的冰层下面是一个宁静的海洋，而且海拔也很低，海水对于调节温度起了很大的作用。尤其是北极的夏天，气温可以升得很高，因此在北极地区短暂的夏季，可以看到数以百计的开花植物，许多苔藓、地衣和海藻更是生长得十分繁茂。

南极的年平均气温要比北极低 20 摄氏度，如北极点的一月份平均气温为零下 40 摄氏度，7 月份的平均气温为零度，而南极点附近的平均气温为零下 49 摄氏度，寒季时可达零下 80 摄氏度。

南极没有四季之分，只有暖季和寒季之别。即使是11月到次年3月的暖季，南极内陆的月平均温度也在零下34至零下20摄氏度。至

钢板
啊，钢板
居然能摔得粉碎

于每年4月到10月的寒季，南极内陆的气温一般在零下40至零下70摄氏度。

南极究竟冷到什么程度呢？1968 年 7 月 19 日，美国科学家在南极洲东部的高原站测量到一项低温纪录，为零下 85.5 摄氏度，但是在此之前，苏联东方站的气象学家于1960年8月24日记录了零下 88.3 摄氏度的最低地面温度。然而这还不是最低温度。1983 年 7 月 21 日，东方站又记录了零下 89.6 摄氏度的数据；同年 7 月，新西兰的万达站又创下零下 89.6 摄氏度的记录。另外，据有关资料介绍，挪威人于 1967 年初，在南极点记录了零下 94.5 摄氏度的最低温度。如果这个数据是准确的话，那么这是迄今人类测量到的最低地面温度。

这样低的气温意味着什么呢？如果你在南极，这时候将会出现奇怪的现象：一块坚固无比的钢板掉在地上会摔得粉碎；当你将一杯热水泼到空中时，落下来就变成了冰雹。可想而知，如此寒冷的天气对人类等一切生命都是可怕的威胁。在南极，因寒冷而冻伤致残的事例是经常发生的。

20世纪初的 1911 至 1912 年，在向南极点进军的悲壮历程中，英国探险家斯科特率领的一支探险队一共 5 人全军覆没。除了疲劳的折磨，难以忍受的寒冷是杀死他们的元凶。考察队员埃文斯海军军士先是手指冻伤起疱，接着手指甲脱落，鼻子因冻伤而化脓，最后严重的冻伤使他的脸部化脓，手指甲和脚趾甲全部掉光，终于痛苦地死去。

美国国家科学基金会为南极考察队员专门编写的《南极生存指南》特别警告："如今的南极作业，面部冻伤（组织冻伤）是最常见的，而手、脚和其他暴露皮肤的部位也会冻伤。"

对南极的奇寒，一丝一毫也不能麻痹大意。

南极为什么会这样寒冷呢？这是由于南极冰盖犹如一面巨型反射镜，把太阳辐射的热量的 90%反射回宇宙空间的缘故。在南极的寒季，太阳很少露面，南极大地吸收的热量微乎其微，但是到了暖季，虽然太阳终日在地平线上徘徊，可是，雪白的冰盖表面又拒绝接受太阳的热量，结果南极终年是九天寒彻、大地封冻的荒凉景象。

我们知道，地球是一个整体，赤道附近的热空气上升，从高空流向地球的南北极，在这里释放出热量而变冷，下降以后又从两极吹回到赤道。在全球规模的大气循环过程中，南极大陆实际上是地球的冰箱，在很大程度上影响甚至控制全球的气候变化。

我国的气象学家发现，南极地区的积雪量与我国长江流域的梅雨季节和东北地区的夏季低温有密切关系。而且，南极海冰的规模又影响赤道低温，影响着西太平洋副热带的高压及台风的生成。另外，南极大陆的温度，又和北半球的大气环流，以及中国夏季的降水和温度状况息息相关。

因此，不能忽视南极这个地球冰箱的作用，它不仅影响了南极大陆本身恶劣的气候，而且它的深远影响早已超过了冰雪世界的范围。科学家认为，南极冰盖是地球最大的冷藏库，它的消退或增长哪怕发生细微的变化，将直接影响地球的热量和全球气候。

近几十年来，地球各地出现的气候反常成为举世瞩目的热点。非洲持续大面积干旱，南亚次大陆洪水灾害，南太平洋“厄尔尼诺”现象（由于海水水温升高，造成大批鱼类等海洋生物死亡的现象），一些国家冬季异常温暖等。所有这些气候异常现象，究竟是什么原因引起的，这个问题一直困扰着各国的气候学家。

现在，越来越多的科学家认识到，南极大陆这个冰箱对影响全球气候的太阳辐射的变化非常敏感。通过大量观测记录计算估计，如果太阳辐射出来的能量减少1%，南极冰盖就会向外延伸1100千米，而南极冰盖范围的扩大，直接影响大气和海洋之间的热交换，此外，南大洋海冰面积的增加，导致了太阳辐射能量的大量散失，这样一来，地球表面的温度就将下降5摄氏度之多。

结果是可想而知的，南极的“冰箱”发生的一切变化都控制着绿色世界的风云变幻，它影响农民的收成、牲畜的兴旺，影响着家庭主妇的菜篮子，也主宰了国际粮食市场的价格和社会的稳定，不管人们是否意识到它的存在。

3. 风能杀人

南极除了极度的严寒之外，威胁人类生存的另一个无情的敌人，就是那可怕的狂风了。

风能杀人，这话听起来似乎令人难以置信，有那么严重吗？你也许会提出这样的疑问。

这里，我先讲讲一个真实而可悲的故事。

1960 年 10 月 10 日，日本昭和基地遇到一次罕见的暴风雪。

昭和基地是日本于 1957 年在南极建成的第一个科学考察站。它位于南极大陆东部的吕佐夫—霍姆湾的一个露岩岛——东翁古岛上，与南极大陆隔着 5 千米宽的翁古尔海峡，地理坐标是南纬 69 度，东经 39 度 35 分。

当暴风雪摇撼着昭和站的房屋时，考察队的地质学家吉田荣夫突然想起房屋外面还有一群狗。当时日本第 4 次南极考察队正沿用极地考察的传统方法，用狗拉雪橇运送物资。吉田荣夫冒着风雪去给狗喂食。

这时另一个考察队员福岛绅走过来帮助，他是队上的厨师，和吉田荣夫同年，都是 32 岁。

狂风卷着飞雪迎面扑来，“你站在旁边，看一看就行……”吉田荣夫临出门时关照福岛绅。

但是，当他们一走出基地的房屋，什么也看不见了。狂暴的风雪搅得天昏地暗，大风推搡着他们，使他们举步艰难，很快连方向都搞不清了。

吉田荣夫见势不妙，急忙返回基地，他喊着福岛绅的名字，呼唤他立即回来，但是俩人已经分开。等他好不容易回到基地，福岛绅却不见踪影。

吉田荣夫和其他日本考察队员焦急万分，他们顶风冒雪四处寻找失踪的同伴，足足找了一天一夜，仍然不见福岛绅的影子。

这位日本考察队员是被狂风卷走而失去生命的。一直到 1968 年 2 月，过了差不多 9 年，他们才找到福岛绅的尸体，他在冰雪中长眠了。为了纪念这个献身南极的日本人，昭和基地附近的一座山，被命名为福岛绅山。

澳大利亚在历次南极考察中已有 16 名考察人员长眠在南极冰源。笔者访问澳大利亚国家南极局时（该局设在塔斯马尼亚岛的霍巴特），看到在一片小松林里，有一块巨石，上面镶嵌了16块刻有人名的铜牌，这就是献身于南极事业的16名考察人员的纪念碑。据了解，这16名考察人员中，有 11 人是被暴风雪卷走，或者是在狂风暴雪中迷失了方向被活活冻死的。

从这些例子不难看出，南极的风确能杀人。在南极，那些领教过暴风雪厉害的人，无不谈风色变。

南极洲是世界的“风极”，有人称南极是“暴风雪的故乡”。而寒冷的南极冰盖则是孕育暴风的产床，它像一台制造冷风的机器，每时每刻都用冰雪的躯体冷却空气，孕育风暴。一旦沉重的冷空气沿着南极高原光滑的表面向四周俯冲下来，顿时狂风大作，天昏地暗，一场可怕的极地风暴便大施淫威了。

南极的风究竟有多大呢?

我们通常所说的十二级台风，风速就够快的了，每秒 32.6 米。十二级台风袭来时，将大树连根拔起，房屋刮倒，掀翻在海中航行的船只，甚至造成海水倒灌，冲毁堤防，给人民生命财产和农作物造成重大损失。

但是，南极的狂风常常超过十二级台风。在南极半岛、罗斯岛和南极大陆内部，风速常常达到每秒55.5米以上，有时甚至达到每秒83.3米！

由于南极大陆是中部隆起向四周倾斜的高原，南极内陆孕育的冷空气向沿海倾泻时，形成强大的风暴，因此，南极沿海地带是世界上大风频繁、风力最大的地区。从恩德比地沿海到阿德利海岸，长达三四千公里的沿海一带被称为风暴海岸，风力最强。其中阿德利海岸有世界的风极之称，一年 365 天中有 310 天刮大风。1951 年 2 月 22

日，法国观测站在这里记录的最大风速达到每秒 92.6 米！

从南极大陆吹向大陆边缘的极地风暴，由于自高处急转直下，风速加快，发展成为强大的下降风。它在横扫南极大陆之后，长驱直入，扫向南美洲南端的合恩角及澳大利亚以南的大洋，因而使这一带的海洋风浪更加汹涌，这就是南极航行最危险的海区—— 60度咆哮带。

古往今来，南极大陆周围的南大洋，无风三尺浪，有风浪如山，狂暴的风浪使多少探险家和考察船吃尽了苦头。笔者 1984 年 12 月 26 日，乘中国科学考察船向阳红10号航行在别林斯高晋海，突然遇到极地风暴的袭击，汹涌的浪涛如排山倒海，船只剧烈颠簸，前甲板出现裂缝，船舷的顶板及后甲板的五吨吊车被巨浪打得遍体鳞伤，当时最大浪高达 15 米，风力超过十二级以上，船只随时有倾覆的危险。这样巨大的风浪，连船上许多水手也是第一次亲身经历。所幸的是，由于船长指挥镇定，全体船员同心协力，经过一天一夜的搏斗，最终逃出了死亡的陷阱。但南大洋的狂风恶浪，给我留下终生难忘的印象。

南极盛行的狂风，不仅在海上掀起巨浪，给航行带来巨大威胁，它对人类在南极的生存也构成了相当大的威胁。尤其是风暴骤起，卷起大量积雪，形成的暴风雪天气，其破坏力更大。它常常是突然袭击，说来就来，而且一刮就是几天几夜。它像残忍的暴君，刮断考察站的绳索、帐篷，将车辆掀翻，把几百千克的油桶抛向天空。1978年夏天，法国迪尔维尔站以东的康门威尔士湾有个澳大利亚临时观测站，突遭狂风袭击，风速估计在每秒70米以上，一刹那间，这个临时观测站被狂风摧毁，一扫而光。1957年3月，当时苏联一科学站也遭到狂风袭击，通讯铁塔被刮倒不说，停机坪上的飞机也被吹毁，科学站用预制板装配的房屋也被摧毁。1990年6月，位于南极洲西摩岛上的阿根廷马兰比奥站突然遭到飓风袭击，风速高达每秒83米，顿时房屋大部分被摧毁，死亡3人，伤50余人，损失相当惨重。因此，南极各国的考察站，所有的建筑物都必须特别牢固，尤其是要求能够抗风。

中国南极长城站在建成后的第一个冬天，也经历了狂风的袭击。那是1985年5月8日，长城站记录到的暴风风速为每秒32.5米。暴风袭来时，站上一间室外厕所立刻被卷走，消失得无影无踪，堆放杂物的木板房不住地摇晃，房顶随即被掀开，也随风而去。当然，这并不是最大的风，在南极的各国科学站，都经常遇到暴风袭击的情景。尤其是寒冷而黑暗的冬季，呼啸的狂风，将房屋摧毁，推倒通讯铁塔，卷走车辆，甚至将一座科学站变成一片废虚的事时有发生。

因此，为了考察人员的安全，南极各国科学站都有严格规定，大风时绝对禁止外出，一切室外活动都是不能允许的。

为了保障考察人员不致迷失方向，科学站的主要建筑物之间的道路上，必须埋设标桩，拉上粗粗的绳子。遇上暴风雪时，队员们可以扶着绳索行走，以防被暴风雪刮走。所以南极考察队员把这些绳索叫做“南极救命绳”。

4. 白色的沙漠

中国南极考察队员守则规定：防止火灾是每个队员的一项重要任务。每个考察队员在赴南极之前，必须在国内的训练基地接受消防知识和消防器材实际操作的训练。

实际上，不仅是中国南极考察队对防止火灾特别重视，各国科学站也同样严格要求考察队员注意防火。美国国家科学基金会编写的《南极生存指南》特别提醒："火是与所有南极考察站密切相关的，并且是主要的危险所在。在冬季尤为危险，以至无法营救。减少危险的唯一途径是让每个人充分进行防火演习。"这份小册子还强调指出："不管采取了多少预防措施，每个人也不能掉以轻心，轻视南极火灾的危险，忽视防火措施。南极火灾能够轻易地毁掉整个考察站。每个人都与防火和一旦发生火灾时的救火有直接的利害关系。"

为了防御可能发生的火灾，各国科学站的房屋都注意保持一定的间隔，对易燃物品如木料、油桶的存放尤其小心。中国南极长城站的各栋房屋之间都保持相当远的距离，贮存燃料的油库特意建在距离站区很远的海滨高地，这都是预防火灾的措施。此外，各国也十分重视建筑材料的防火性能。中国在南极建成的第一个科学站——长城站，室内的天花板、四面的墙壁采用的是石膏板，室内地板、房门和地毯也经过防火处理，目的都是为了杜绝火灾事故。曾经到过美国麦克默多基地的中国科学家也注意到，这个美国科学站对防止火灾也很重视，不仅对每个新来乍到的人反复进行防火教育，基地还有一支专门的消防队，所有的电话机上都标有火警的电话号码，以防万一。麦克默多基地有“南极第一城”之称，有 160 多栋建筑物，除了仓库和油罐外，主要是住房、办公室、实验室和一些服务性设施——包括有小卖部、医务室、邮局、一座电影院和一座小型体育馆。夏季，麦克默多站的平均人口有 800 人以上。因此，防火问题自然显得格外重要了。

南极的各国科学站如此重视防止火灾，不是没有原因的，这不仅是因为南极是地球的风极，大风的天气会容易酿成火灾，而且南极是世界上最干燥的大陆，又缺乏水源，一旦着火，必定造成可怕的灾难。

你也许会觉得不可理解，南极大陆到处是冰雪覆盖，大陆周围是辽阔的海洋，怎么会是世界上最干燥的地方呢？

我们知道，非洲的撒哈拉大沙漠是世界上最干旱的地区，在阿拉伯语中，撒哈拉是荒凉的意思。在撒哈拉大沙漠的内陆地区，实际上几乎常年无雨，大部分地区年雨量平均不足 50 毫米，而终年气温又很高，是典型的高温少雨的热带沙漠气候。

南极大陆的干旱却是因为低温寒冷造成的。据观测记录，整个南极大陆的年平均降水量只有 55 毫米。降水量的多少从沿海向内陆呈明显下降的趋势。沿海地区，冷暖气流的交汇，降水量较多，每年可达 300～400 毫米，像鲸湾为 420 毫米，毛德皇后地为 300 毫米，南极半岛北部为400毫米，但这些降水量较多的地区都处在南极大陆的边缘。

南极大陆由于覆盖广袤的冰原，它的上空常年为高压冷气团控制，从海洋上吹来的暖湿气流根本无法进入南极内陆，而且在寒冷冰原上空的冷空气异常干燥，含有的水蒸气极少，所以越往南极内陆，降水的机会越少，年平均降水量只有30毫米，南极点附近只有5毫米，几乎没有降水现象。

到南极大陆进行科学考察的科学家，最明显的感觉是空气异常干燥，在最初的头几个星期，差不多所有的人嘴唇都会干裂。

正因为如此，人们把南极大陆称作白色的沙漠。

由于气候寒冷，南极大陆降下来少量的水，也不是液态的雨水，而是纷纷扬扬的雪花或雪粒。除了南极半岛北端以及较低纬度的一些岛屿，在暖季有降雨现象之外，整个南极大陆实际上看不见降雨。

极度的干燥，使各国科学站对防火视为性命攸关的大事。因为他们知道，干燥、加上风大，哪怕有一点点小火星，也会酿成难以挽回的大祸。而在南极洲，一旦失火是很难扑灭的。1987年7月的一天，位于乔治王皇的智利马尔什基地新建的一栋队员宿舍因火灾而被烧光，还烧死1人，伤5人。火灾发生时，虽然邻近的苏联别林斯高晋站、中国长城站的考察人员纷纷赶来营救，因为缺乏水源，只好眼睁睁地看着房屋烧毁。

澳大利亚在南极大陆东部濒临纽康姆湾一处岩石裸露之地，建有一座凯西站，它是澳大利亚在南极大陆三个科学站之一。站区的集装箱建筑群，包括有实验室、宿舍、食堂以及俱乐部、健身房等，此外还有各种仓库和运输车辆，主建筑以外还有发电厂和油库，宛如一座微型的科学城。1980年初，当中国的南极事业刚刚起步时，我国第一批科学工作者最早访问南极大陆时，他们第一个到达的外国科学站就是凯西站。不过，他们所见到的凯西站已经不是原来的样子，几年前一场大火，使凯西站毁于一旦。现在的凯西站是后来重建的。中国科学工作者由此认识到，干燥、风大的气候特点，决定了南极科学站防火的极端重要性。

当然，干燥而寒冷的气候，也有它的有利一面，这就是便于保存物品而不致腐烂。南极麦克默多海峡埃文斯角上有一栋简陋的木板屋。1910 年至 1911 年，当英国探险家斯科特向南极点远征时，这栋木板屋曾是英国人的基地营。如今，它是南极为数不多的历史纪念物，

七八十年以前的罐头还这么香！

被人们特意保存下来。由于寒冷，特别是气候干燥，这个营地当年贮藏的罐头干肉饼保存完好，虽然经过七八十年的风雪侵袭，人们发现罐头里面的干肉饼和饼干还可以食用。这在地球的其他潮湿多雨的地方，恐怕是不可想象的吧。

5. 移动的“岛屿”

1912 年 4 月 10 日，一艘英国白星轮船公司刚下水的巨型客轮泰坦尼克号，载着2224名乘客，由英国南安普敦港启航，开始了它的处女航。

泰坦尼克号长882.5英尺，载重量46000吨，有16个密封舱，双层船底，是当时世界上最大而又最豪华的巨型客轮。它的航线是从英国南部横渡大西洋，目的港是美国的纽约。

为了招揽顾客，白星轮船公司对泰坦尼克号的首航广为宣传，声称要创造横渡大西洋的最高航速，因而选择了一条最短的航线。

不料，4月10日，当泰坦尼克号行驶到纽芬兰岛附近的冰海区域时，从北冰洋飘泊而来的大量移动的岛屿——冰山，以及大量浮冰正在冰海上等待它们的牺牲品。

据说，当时船上航海经验丰富的船长史密斯曾提出要改变航线，并放慢速度，因为他知道这一带很不安全，有可能碰上巨大的浮冰和冰山。但是，这一英明的富有远见的抉择没有被采纳，随船的白星轮船公司的老板利欲薰心，坚持要按既定航线前进，不许放慢速度，因为他要创造横渡大西洋的伟大奇迹。

于是，一场历史性的悲剧终于不可挽回地发生了。将近午夜，歌舞升平的船上音乐厅刚刚结束舞会，黑夜中航行的泰坦尼克号在冰海中与一座移动的岛屿相撞，冰山像锋利的钢刀在客轮左舷撕开一个大裂口，五个密封舱顿时破裂。

一片混乱，到了4月15日凌晨2点20分，这艘巨型客轮悲哀地结束了短暂的生命，在距离纽约港东北1600英里的冰海沉没，1500多名乘客葬身海底。

造成泰坦尼克号冰海沉船悲剧的元凶，就是海上的冰山。只不过这是来自北冰洋的冰山。

在南极周围的海洋——南大洋中，类似这样的冰山数以万计，其体积之大，数量之多，远远超过了北冰洋。

冰山和浮冰不同，浮冰是海水冻成的海冰，冰山却是从南极冰盖分离出来的，每年都有数以万计的冰山从陆缘冰的边缘分裂出来，飘浮在海上，形成瑰丽多姿的冰山，成为南极海域独具特色的象征。据统计，南大洋的冰山大约有218300座，平均每座冰山重10万吨。其中最普遍的是平顶台状冰山，它起源于陆缘冰和冰舌，此外还有圆顶形、倾斜形和破碎形的冰山。

南大洋的冰山一般长几百米，高出海面几十米。大的冰山长度达到170千米。有的台状冰山高出水面达到450米。1956年美国人观测到一座罕见的大冰山，长333千米，宽96千米。这样巨大的冰山，难道还不是移动的岛屿吗，实际上，它的面积远远超过了大洋中的一些小岛。像1987年10月初，罗斯冰架断裂出一座冰山，长140千米，宽约40千米，高出水面225米，它的面积达到6400平方千米！

冰山，在海上看起来似乎是静止的，实际上它在移动，随着海流的方向移动。由于南大洋的冰山体积大，海面温度低，一般可以维持10年左右手会慢慢消融，而北冰洋的冰山平均寿命仅有2～4年。

南大洋飘泊的大量冰山，虽然美丽壮观，给大洋增色不少，但是对于航行在海上的船只来说，冰山始终是可怕的威胁。尤其是在大雾迷漫、能见度很差的天气，或者是夜航期间，船只必须小心翼翼地避开冰山。现代化的考察船和其他船只，配备了雷达装置，能够及时发现冰山，因而减少了和冰山相撞的危险。

笔者1984年前往南极时，目睹了南极冰山的雄姿，但是对冰山的威严确也敬畏几分。当我们的科学考察船行进在冰山重重的海域时，船上处于高度戒备状态，警钟敲起，船速减慢，船只小心翼翼地绕过冰山而行。因为人们知道，万一不慎碰上了这些移动的岛屿，那可不是好玩的，也许泰坦尼克号冰海沉船的悲剧就将重演了。

事物都是一分为二，冰山固然是航行的障碍，它对人类也有很大的好处。

面对全球水资源的危机，特别是长期干旱，极度缺水的一些国家，对南极冰山的开发利用尤其感兴趣。

南极的每座冰山都是一个小淡水库，能不能利用冰山来缓解世界上许多干旱地区的缺水呢？

智利北部气候干旱，有大片沙漠，智利经济计划署和太平洋研究所曾经派了3名科学家到南极考察，他们后来提交的一份题为《供给智利北部水源的南极冰》的计划，认为这是完全可行的措施。当然，智利还有得天独厚的有利条件，它的国土距离南极大陆很近，这对冰山的运输相当有利。

看来，把这些移动的岛屿移动得更远，让它按照人类的需要，移动到缺水的地区是可以办到的。

法国一家工程公司曾经应沙特阿拉伯的要求，对搬运冰山的可行性进行研究。他们认为把一些冰山拖运到秘鲁、智利、澳大利亚甚至更远的沙特阿拉伯和地球上其他干旱地区，在技术方面是可以行得通的。

从经济效益看也很合算。据计算，从南极的普里兹湾拖一座冰山到澳大利亚，取得一立方米的淡水只要花费 0.0013 美元，这不仅比淡化海水便宜，甚至与当地的淡水相比也便宜，因为当地一立方米的淡水卖价是 0.19 美元。

据这家法国工程公司估算，把一座 8500 万吨的大冰山，拖运 8000 千米，穿过印度洋是可行的，可以先运到亚丁附近的海面，再将冰山切割成几块，再从红海运到约旦等国。

这样生产的淡水，也比当地的淡水便宜。目前沙特阿拉伯用淡化海水生产的淡水，一立方米售价为 0.79 美元，而冰山融化的淡水平均每立方米只需 0.53 美元。如果把一座百万吨级的冰山运到约旦，每立方米的淡水只要花 0.21 美元。

不过，目前拖运冰山以解决干旱地区缺水的计划还处于纸上谈兵的阶段。主要困难是耗资巨大和一些拖运中的技术问题目前还难以解决，如怎样减少冰山自身的融化，拖运的动力问题和人员的安全等。但是可以相信，南极的冰山为人类造福的日子是指日可待的。

6. 冰原上的绿洲

在干旱缺水的沙漠里，有时会出现星星点点的绿洲。

绿洲是生命的象征，由于有地下水或者泉水的滋润，郁郁葱葱的树林，丰美的牧草以及农作物都出现了。沙漠中的绿洲是鸟兽繁衍的乐土，有的绿洲甚至出现人烟稠密的村镇。对于长途跋涉在沙漠中的商队和那些沙漠之舟——骆驼，绿洲是希望之所在。有一次，我在南美洲西海岸旅行，那里是绵延不断的沙漠，寸草不生，风沙弥漫，见不到生命的绿色。可是沙漠中星星点点的绿洲就不同了，每块绿洲就是一个美丽的城镇，被绿色的农田和鲜花盛开的果园所包围，洋溢着勃勃生机。所以我对绿洲的印象特别深。

南极的绿洲究竟是什么样子呢？

南极大陆被厚厚的冰盖遮盖得严严实实，崎岖的冰原，纵横的冰河以及平展展的冰架，成为冰雪王国的主要角色，但是犹如沙漠中的绿洲一样，这里也有景色迥异的岩石裸露、寸草不生的干谷，成为白色的世界里独具特色的景观。

这些没有被冰雪覆盖的地面，在茫茫冰原中显得特别珍贵，它的特殊自然环境和气候尤其引起科学家的兴趣，因此人们称它们是冰原上的绿洲。

南极冰原上的绿洲，据说最早是挪威人发现的。1935 年，挪威的一艘船托斯哈文号在东经80度海域航行，这艘船是给捕鲸船运送燃料，并在返航时运走鲸油的。当时海况很好，托斯哈文号船长将船开到岸边，发现了一片没有任何冰雪的岩石地。登岸后，他们惊讶不已。因为这里仿佛是世外桃源，有一个淡水湖，和一座小山谷相通，南面是高约 300 米的岩石丘陵。再往南走，有一些紫黑色的小山丘，后面才是冰川的斜坡。在它的东西两边也是耀眼的冰川。

挪威人用他们国家一个以捕鲸为业的郡名为这片冰原上的绿洲命名，这就是维斯特福尔特绿洲这一地名的由来。1957 年，澳大利亚看中了这片面积达 400 平方千米的露岩区，发现这里湖泊众多，各类第四纪沉积物，包括湖相、海相和古冰川沉积发育很好，是研究地貌和第四纪地质的良好场所，便在这里建了戴维斯站。据我国到过戴维斯站工作的科学家介绍，维斯特福尔特绿洲气候很好，夏季日照长，有 48 天全天白昼，太阳不落。气温也较高，1 月平均气温为零上 1 摄氏度，最高气温可达13摄氏度。此外，由于戴维斯站距大陆冰原有二十多千米，中间隔有海拔一百多米的丘陵，挡住了来自冰原的狂风，所以这里的风速要小得多。这些都为科学家进行野外考察提供了便利条件。

类似维斯特福尔特绿洲这样的干谷，在南极大陆的其他地方也有被发现。

1946年至1947年，美国政府实施了一项代号为“跃进行动”的南极考察计划，出动了13艘船只——包括两艘破冰船和一艘航空母舰，25架飞机和许多陆用车辆。有一架飞机在进行航空摄影时，在斯科特陆缘冰附近的海岸带发现了一些紫黑色的山丘，山丘之间点缀着天蓝色、碧绿色的湖泊。这片地方被命名为“班格尔绿州”。因为发现它的飞机领航员，名叫戴维斯·班格尔。

冰原上的绿洲，虽然不像沙漠中的绿洲那样生机盎然，也没有树木花草，但是比起天寒地冻的冰原，它却是不可多得的宝地。这里气温较高，暴风雪的威胁相对来说比较小，加上明镜似的淡水湖可以提供生活用水，因此许多国家都选择在绿洲建科学站。尤其是那些分布在沿海地带，便于海上运输的绿洲，更是建站的理想场所。

班格尔绿洲的一个淡水湖边，苏联人建有绿洲考察站。

1939年，德国人在东经13度的南极大陆，离海岸80千米的地方发现了希哈马尔绿洲，苏联人后来在这个有许多湖泊的丘陵地建了新拉扎列夫考察站。

1947年1月，英国飞行员格里森驾机发现了后来以他的名字命名的“格里森绿洲”，它位于东经110度的温森斯湾地区，这里有未被冰雪覆盖的岛屿和半岛，砂砾和岩石上生长着苔藓、地衣和一些藻类，沿海的岛屿栖息着企鹅、雪海燕、巨海燕、贼鸥和海豹。1957年美国人在这里建了威尔克斯考察站，1959年美国人将该站交给澳大利亚。10年后，澳大利亚在威尔克斯站以南重建了凯西站，威尔克斯站已被废弃。

我国在南极建有长城站和中山站，长城站建在南设得兰群岛面积最大的乔治王岛，一个背枕起伏的山岭，面向开阔海湾的无冰区。乔治王岛的中部和东北部是厚厚的柯林斯冰盖，终年冰雪皑皑，但长城

站所在的绿洲却是遍布砾石的海滨高地，山岭之间静卧着3个小淡水湖，夏季，溪流沿着海滩奔向海湾。在山坡和地下水出没的谷地，到处可见绿茸茸的地衣和苔藓，附近的阿德利岛，俗称企鹅岛，栖息着几千只帽带企鹅、阿德利企鹅，生长着茂盛的地衣和苔藓，苔藓厚的地方有30厘米，如同铺了一块绿色的地毯。位于南极大陆拉斯曼丘陵的中山站也是广袤冰盖上一块约50多平方千米的绿洲，山丘连绵起伏，并有一个面积200多平方米的淡水湖。

到目前为止，南极陆续发现的绿洲约占南极大陆总面积的7%。

冰原上的点点绿洲不仅有利于人类在这里立足，建立科学考察站，它们在科学研究上的意义也不可低估。因为南极冰盖像厚厚的棉被将南极大地包裹起来，要透过冰盖去了解底下的地质地形相当困难。这些星罗棋布的绿洲如同白色冰原的缝隙，大大有利于科学家认识南极的真面目。当然，绿洲本身特殊的生态环境也具有十分重要的科学价值。根据目前比较公认的说法，冰原上的绿洲是冰川退缩形成的。像维多利亚干谷地区就保留了很好的原始自然状态，这里有独具特点的盐湖，保留了世界上少有的冰川期后剥蚀的现象和证据，还有一些难以解释的三百多年以前的海豹干尸，因此有相当重要的科学价值。

最新的研究证明，绿洲的研究甚至可能揭开宇宙的奥秘。科学家把在无冰区的干谷中找到的土壤，和宇宙飞行器在火星上发现的土壤进行比较，发现它们之间具有某些相同的性质。他们还在一些岩层的孔隙中找到了微生物的存在，这种细菌能在如此严酷的条件下生存，而且它至少有1万年高龄，科学家认为，这对于探索地球生命的起源以及地球原始土壤的形成，无疑是重要的线索。

绿洲中的一些湖泊也很奇特。新西兰在南极的斯科特站距美国麦克默多基地约3千米，这里有一个神秘的范达湖，尽管湖面结着4～5米厚的冰，但湖底的水温却接近26.6摄氏度。这是因为晶莹剔透的冰层犹如温室的玻璃，能使阳光透入使湖水增温，又能防止湖水的热量散失。湖畔矗立着“新西兰皇家范达湖游泳俱乐部”的标牌。凡是在湖中游泳的人，都可获得一枚该俱乐部颁发的奖章。这也是对不畏寒冷的勇敢者的鼓励吧。

7. 冰和火的世界

在南大洋考察时——那是好多年以前的事了，笔者曾以十分好奇的心情凝望着一座荒无人烟的小岛。岛上光秃秃的，寸草不生，土黄色夹着赭红色的沉积物比比皆是。小岛有一个耐人寻味的怪名字——它叫欺骗岛，它怎么会有这样一个奇怪的名字呢?

欺骗岛是南极洲的南设得兰群岛中的一个小岛。1819 年英国海豹狩猎者史密斯首先发现了这些由大小岛屿组成的群岛，认为这里和英国北部的设得兰群岛有些相近，所以命名为南设得兰群岛。

欺骗岛虽然是弹丸之地，但是从史密斯发现以来，这儿就是海豹猎取者集中的地点。他们在岛上建有码头，码头周围是无冰的陆地，到了 20 世纪，远洋捕鲸船也以此为集散地。由于南设得兰群岛及其附近海域有丰富的海洋生物，海豹、南极毛海狮和出没的鲸鱼数量相当多，阿根廷、智利、英国都看中了这个小岛，并且在岛上建了基地。1909 年和 1930 年的夏天，英国政府在这里派了一位常驻行政官办公，俨然行使对该岛的行政管辖权。阿根廷不甘示弱，也在该岛建起了基地。智利也插上一脚，三个国家的基地彼此相距很近。

谁都想成为欺骗岛的主人，为了各自的利益必然会发生冲突。1952 年，长期积蓄的矛盾终于爆发，阿根廷某一团体在南奥克尼群岛的希望湾，用武力将英国科学家探险队赶走，这支探险队企图占领一个工作站。为了报复阿根廷人，一年以后，英国警察在欺骗岛上把阿根廷和智利人建的房子捣毁了，还将两名阿根廷人抓了起来。这件事闹得沸沸扬扬，使南极上空出现了战争的乌云，一直闹到国际法院，但也是不了了之。后来形势一度缓和，三个国家继续在欺骗岛建立基地以后，又有挪威等国建了基地。挪威还建有一座鲸鱼加工厂，形势变得更加复杂化了。

不料，大自然开始惩罚贪婪的人类了。1969 年 12 月，欺骗岛愤怒了，沉默已久的海底火山轰然爆发，英国人和智利人的基地当即被火山爆发喷出的大量火山灰所摧毁，阿根廷也不得不放弃基地。火山爆发时还在特莱丰湾形成了一个小岛。如今，欺骗岛的火山地热仍相当炽热。它那马蹄形的海湾，就是一个火山口，湾内的海水温度较高，岛上的地面仍不断冒出硫磺蒸汽。据说，有一次一艘考察船进入湾内避风，突然遇到火山活动，海水沸腾，烟云弥漫，地下发出可怕的轰响，仿佛到了地球的末日，欺骗岛的名字便是由此而来的。从此谁也不敢在欺骗岛上建站了。

南极是一个白茫茫的冰雪世界，但是在有的地方，如同有名的欺骗岛那样，存在着强烈的火山活动。冰是凝固的、静止的、寒冷的、死寂的，火山却是活跃的、奔放的、充满活力和炽热的，于是在南极形成了对比鲜明、反差强烈的冰与火的世界。

南极最有名的火山并不在欺骗岛，而是在南极大陆罗斯岛上的埃里伯斯火山，高度为海拔 3794 米。1841 年 1 月 27 日，英国探险家詹姆斯·克拉克·罗斯率领的探险船，到达南极海岸，眼前出现一座浓烟飘拂的活火山。罗斯在航海日记中写道："发现一座海拔 3780 米以上的高山，冒出大量火焰及烟尘，非常壮观的景色。"这是人类第一次在南极的冰雪世界看到的火山奇观，罗斯用他的一艘考察船埃里伯斯号为这座活火山命了名。

从罗斯发现埃里伯斯火山到今天，这座活跃的火山一直喷烟吐雾，山顶上终年烟雾缭绕，有 4 个大喷火口，有人曾登上火山顶巅，只见大火口旁有一个喷发岩浆的小火口，形成岩浆池，池面岩浆凝成一层硬壳，底下粥状的岩浆不断冲破硬壳而喷涌。曾经到过美国麦克默多基地的中国科学家介绍说，埃里伯斯火山虽然山顶上有沸腾的岩浆池长年累月热气腾腾，但整个火山都被闪亮的冰雪所覆盖，看上去寒气逼人。山顶的岩浆池散发着大量蒸气，使得火山的山顶总是云雾

发现一座海拔3780米以上的高山，
冒出大量火焰及烟尘，
非常壮观的景色……

缭绕，远远看去就像戴着一顶巨大的帽子，变幻莫测，蔚为壮观。

南极大陆沿岸的火山，分布是有规律的，它基本上处在向着太平洋的一面，是世界上火山最多也最活跃的环太平洋火山带的延续。维多利亚地的火山群是最有名的，许多活火山经常喷火，岩浆涌出，在白色的冰雪世界形成壮观的场面。此外，在南设得兰群岛、玛丽伯德地和罗斯海沿岸，都有成群的火山。有的科学家甚至认为，在南极冰盖下面，可能埋藏着更多的火山。

南极冰与火的世界不仅是自然界一大奇观，更重要的是，火山活动为地质学家提供了研究地壳运动和地球内部结构的良好场所。在欺骗岛，由于火山活动形成的一条一百多米的裂缝，裂缝的断面就是一道冰崖，它是由一层冰一层火山灰叠加形成的，说明每次火山爆发的喷出物又被冰雪覆盖的情形，因此这个奇特的冰崖为研究火山活动的历史提供了一份不可多得的记录。

附带说一件事，由于南极的火山在白色世界形成非常美丽的景色，许多旅游者为了好奇，也纷纷前往南极一饱眼福。不幸的是，1979 年 11 月 28 日，新西兰航空公司一架 DC—10 型飞机在飞往南极洲时，恰恰是坠落在著名的活火山——埃里伯斯山的山坡上，机上 257 名旅客全部罹难。这是南极空难史最悲惨的事件，迄今尚未查清飞机失事的原因。

第二章　南极洲的发现

我们知道，南极洲是地球上最偏远的大陆，有人说它是地球的边疆，实在是恰如其分。南极洲不仅遥远，而且还是地球上最寒冷、最干燥，风大、冰厚、暴风雪频繁的荒凉世界。正是由于南极洲的气候和自然环境十分恶劣，人类无法在这里生存，所以它是地球上唯一的没有人类居民的大陆。

南极洲长期以来与世隔绝。千百年来，地球上的许多大陆相继产生了高度发达的物质文明和精神文明，但是不论亚洲的东方各国，还是欧洲的发达国家和非洲的古老民族，人们对南极大陆的情况一概一无所知，甚至根本就不知道在地球的南方还有一个冰雪世界的存在。

人类知道南极大陆的存在，那还是最近一百多年的事情，而真正谈得上对南极大陆有所了解，那是更加晚的时候了。

那么，人类是怎样发现了南极洲？是什么时候又是什么动力驱使一批又一批勇敢的航海家、探险家不畏艰险，冲破了南大洋的狂风恶浪和重重冰山的阻碍，踏上了南极洲的冰雪王国呢？这个饶有兴趣的问题，实际上包含了一部人类艰苦卓绝、不屈不挠的南极探险史，它令人惊心动魄，同时也十分动人。为此，我们必须暂时把时钟倒拨回去，去追踪那早已逝去的历史岁月……

1. 古希腊人的猜想

在地球的南方，有一块四周被海洋包围的未知大陆——早在 2000 多年前的古希腊时代，一些聪明的哲学家就这样果断地认为。

我们知道，古希腊人不仅是一个富于想象力、长于思辨的民族，而且很早以来，他们就以航海著称，为了贸易和征服别的部族，他们的商船、战舰不断频繁地往来于爱琴海、地中海之间。海洋的风浪没有阻挡古希腊人，反而成为他们与外界沟通的通行大道。现在流传下来的世界文化瑰宝——古希腊盲诗人的不朽诗篇《伊利亚特》和《奥德赛》，大约是公元前八世纪至公元前七世纪的产物，在这些动人的诗篇中就有大量的关于航海的记载。许多学者认为，当时的古希腊人不仅到达了地中海沿岸，而且远至地中海东部、黑海和大西洋，都留下了古希腊航海家的足迹。

随着航海技术的不断改进，特别是由于海上商业贸易的发达，古希腊人深入到地中海沿岸更远的地方，他们的地理知识经过世代积累更加丰富。例如公元前 5 世纪古希腊著名的历史学家希罗多德，他就到达小亚细亚沿岸各地和欧洲的许多地方，他还到达非洲的埃及、利比亚等地。

古希腊人对人类地理知识的积累作出的巨大贡献，不仅仅是用文字记录了各地的地理情况，而且由于他们在哲学上的进步，他们在观察自然界的同时，还对我们生存的地球进行了理性的探索。虽然那时候，古希腊人的科学手段还非常落后，他们了解的地理知识也非常有限，可是这并不能阻止他们去思索一个非常重大的问题，这就是我们居住的陆地和周围的海洋究竟是以怎样的形式存在的？

古希腊人非常聪明，他们不愧是智慧的民族。古希腊著名的哲学家亚里士多德是公元前四世纪的人，但他已经正确地指出地球的形状是一个球形。亚里士多德根据人们从希腊到埃及去，可以观察到天空中星座位置的变化，提出了地球是球形的结论，这在两千多年前的确是很了不起的。不仅如此，亚里斯多德还因此想到，太阳光线在地球面的不同地点的入射角不同，导致各地日照长短和热量不同，这是各地气候不同的根本原因。

在古希腊时代，像亚里士多德这样的杰出思想家还有很多。生于公元前275年的另一位著名地理学家、天文学家埃拉托色尼不仅正确地指出地球是球形的，而且用实地测量的方法测定了地球的大小。埃拉托色尼测量地球的方法是十分著名的，也是极为科学的。他测定的地球子午线长度是39690千米，和我们今天用现代化技术手段测定的地球子午线长度相差无几。

在这样的认识基础上，古希腊天才的学者们开始思索另外一个有趣的问题了。

既然我们的地球是一个球形的东西，那么陆地和海洋是怎样分布呢?

古希腊的学者们当时没有像今天这样的科学手段，没有先进的交通工具越过高山大洋的障碍，他们仅仅依靠所能得到的有限地理知识，然后运用他们的哲学思考去回答这个非常困难的问题。

生于公元前150年的希腊天文学家希帕卡斯认为，地球上的海洋是被大陆包围起来的，他甚至提出印度洋也是像地中海一样为陆地所封闭。

根据这个猜想，希帕卡斯提出，印度洋的北部是南亚的海洋——这个说法符合实际，他同时又认为，印度洋的南方还有一个目前还不了解的大陆。

于是，按照希帕卡斯的观点，未知的南方大陆是的确存在的。

这个学说虽然是建立于猜想的基础上，只是一种大胆的假设，可是影响却很大，两千年来许多学者都在饶有兴趣地企图找到它的真实凭证。

有的古希腊学者认为，既然北半球有欧洲、亚洲和北非等面积辽阔的陆地，地球为了保持平衡，在南半球一定会有未知的南方大陆存在。公元前2世纪著名的地理学家、哲学家托勒密绘制的世界地图上，在已知的世界下面画出了一个跨越底部的大陆，因为是想象中的陆地，他命名为“terra incognita”，意思是“未知的地区”。后来的地图学家坚持这一观点，他们绘制的地图上，未知的大陆位置更加靠南，并重新命名为“terra australis”，即“南方的陆地”。如公元43年，古罗马地理学家米拉绘制的地图上，就在南半球上圈出了一块很大的大陆，但米拉把赤道地区想象得过于炎热，据说这种流传甚广的观点也使得探险家们望而却步，影响了他们对南方大陆探索的热情。

尽管由于时代的局限，古希腊人不可能实地证明未知的南方大陆究竟在哪里，它的具体情况怎样，但他们伟大的思想已经是超越时代的贡献。

未知的南方大陆这个大胆的猜想起源于两千年前的古希腊人，但最终证实它的存在却是很晚很晚的时候。

2. 初探南大洋的库克船长

古希腊的先哲虽然天才地预见了地球的南方有未知的大陆存在，遗憾的是，这个富有预见性的假设并未立即变成人们的行动，由于历史的种种原因，主要还是生产力发展水平的限制和缺乏必要的社会经济条件，寻找地球未知的南方大陆的历史任务只好推迟到很晚很晚的时候。

于是，两千年的岁月就这样白白地流淌了。

人类什么时候才想起要去寻找南方大陆呢?

1766年8月的一天，英国浦利茅斯港有一艘排水量400吨的木制帆船努力号正在离港启航。在当时，这艘长32.3米、宽6.1米的军舰就算是很先进的大船了。努力号的船长詹姆斯·库克海军上尉是唯一知道这次运航的秘密使命的，那就是寻找未知的南方大陆。

这是人类历史上第一次去寻找南极洲，但是连库克船长在内，没有一个人知道神秘的南方大陆到底在哪里。

尽管对南方大陆一无所知，英国海军大臣桑德威治在召见库克上尉时明确指出："那个神秘的南方大陆到底仅仅是一个古老的神话，还是确有其地，这是我的前任和我念念不忘的一个问题。"因此，海军大臣要求库克船长不惜一切代价，务必寻找到"未知的南方大陆"。

这里，需要说明的是，15世纪以来，由于欧洲工业革命的兴起，新兴的资产阶级为了寻找海外市场和获得更多的土地资源，启动了历史上著名的"地理大发现"时代。正是现实的经济利益，唤起了航海家战胜狂风恶浪的激情。1497年至1499年，葡萄牙航海家达·伽马找到了从欧洲绕运非洲南端的好望角通往印度的新航路，第一次打通了从欧洲到达东方的海上通道。1492年，意大利航海家哥伦布"发现"了美洲新大陆。1519年至1522年，葡萄牙航海家麦哲伦完成了人类历史上首次环球航行。此外，还有许多航海家、探险家发现了过去从未有过记载的岛屿和陆地，人类的地理视野因此大大扩展了。

库克船长的远征，正是在这样的历史背景下开展的。

为此，英国政府给库克船长下达了一道密令，一旦发现那个谁也没有见过的神秘的南方大陆，"你们就应该调查那里的土壤和物产、牲畜和家禽，到河里和海里捕捉鱼类"，"你们会找到各种矿产或各种有价值的宝石"，"还要收集各种种子、果实、谷物"，英国政府甚至要求库克他们"要调查出当地土著居民的人数、性情，并同他们建立感情，发展贸易……"很显然，在英国海军首脑的头脑里，南极也应和哥伦布发现的美洲新大陆一样，一旦发现将会成为大英帝国在海外的新殖民地。至少，他们希望是这样。

正是肩负着如此重大的使命，库克船长指挥着努力号横渡大西洋，绕过南美洲最南端的合恩角，于1769年4月初抵达塔希提岛。7月13日，努力号离开塔希提岛，开始了寻找“未知的南方大陆”的漫长航行。

努力号离开塔希提岛后驶向西南，于1769年秋天到达新西兰，这是1642年荷兰探险家塔斯曼早已到达的地方，但塔斯曼当时并未上岸。这里是不是“未知的南方大陆”呢？库克沿海岸航行，画出了一张准确的陆地方位图，结果发现这不过是两个分离的岛屿，而不是大陆。这就是现在新西兰的南岛和北岛，后人把两岛之间的海峡命名为库克海峡。因为他是第一个详细勘探了这片水域的人。新西兰这个名称是荷属东印度总督所起的，1642年荷兰航海家埃贝尔·塔斯曼率先到达塔斯马尼亚和新西兰的澳岸，把这些岛屿称作斯达特恩兰特，后来荷兰殖民者为了把这片新发现的土地用荷兰一个省名来命名，改称新西兰。

库克认为这些岛屿不可能是未知的南方大陆，于是继续航行。1770年初，努力号抵达澳大利亚东部海岸。当时澳大利亚被称作“新荷兰”。早在17世纪40年代早期，埃贝尔·塔斯曼环绕澳洲大陆航行，并首次明确提出澳洲大陆不与其他大陆相连接的论断。这次，库克指挥着努力号沿着海岸航行，详细记下沿岸的具体情况，并向北驶向著名的大堡礁。库克是在澳洲大陆湿润边缘花费了较长时间的第一个欧洲人。他用英王乔治第三的名义对这块土地宣布了主权，命名为新南威尔士。由于他绘制了许多关于澳大利亚东海岸的地图，回国以后又向英国政府提供了详尽的报告。不久，英国政府开始向澳大利亚移民，第一支船队共有11艘罪犯护送船，载着约800名放逐犯人、200名军人和400名其他随行人员，于1788年在植物湾登陆。

努力号穿过澳大利亚和新几内亚和新几内亚之间的托雷斯海峡，穿过印度洋，绕过好望角，于1771年7月返回英国，从而结束了为时三年的南半球远航。但是，就在库克船长回国后刚和妻子团聚不久，这位新晋升的海军中校受到海军大臣的接见，这次接见使他席不暇暖，立即又一次投入远航的准备工作。

1772年7月13日，库克率领两艘轻巡洋舰决心号和冒险号前往太平洋，目的是“为发展英国的对外贸易去调查沿途各地的市场情况”，但是真正的意图仍旧是寻找未知的南方大陆。参加这次探险的船员增加到近200人，船上的设备也添置了天文钟、六分仪等新式航海仪器。

库克率领的船队最初驶向布维岛，这个位于南纬54度26分、东经3度24分，孤悬在南大西洋的火山岛，是1739年1月1日为法国航海家布维所发现的。当时他认为这个岛屿很可能是未知的南方大陆的一部分。

就在库克的船队好不容易绕过巨浪和浮冰的重重障碍，在大雾迷漫的浮冰与冰山之间穿行，终于找到了布维岛时，库克不禁十分失望，因为眼前只不过是个很小的荒岛，哪里有大陆的影子呢?

眼前的海况愈来愈恶劣了，再往南行，浮冰把海面封锁起来，巨大的冰山挡住了他们的去路。船只航行到南纬57度的海域时，一堵高大的白色冰墙几乎完全遮住了前方的海平线，冰山上空笼罩着一团浓雾，使冰山宛如幽灵幻化出来的古堡，使人望而生畏。巨大的冰块互相撞击着，发出震耳欲聋的声响，使初次见到这种情景的水手们惊慌不已。这时库克乘坐的决心号与冒险号失去了联系，他只好小心翼翼地避开冰山，在危机四伏的冰海中航行。这次，库克的船队驶入了南极圈，接近了南纬57度15分，为了避免发生意外，船队掉头返航。

第二年，当南半球的夏天降临时，库克又一次从过冬的新西兰出发，继续向南搜索未知的南方大陆。尽管他的船队一直挺进到南纬

71度10分—— 这是当时人类到达地球最南点的冠军纪录，可是呈现在库克船长面前的，只是无法超过的浮冰以及巍峨的冰山。寒冷，狂风，没有任何生气的冰海，使他们这些勇敢的航海家不得不掉头而返了。

尽管库克始终没有找到理想中的南方大陆，但是他几次穿过南极圈，向南深入到离南极洲不远的地方，仅这一点，他在人类南极探险史上就有不可磨灭的功绩。库克船长在1774年1月30日写给英国海军部的报告指出，在人们想象中的南方大陆，即使存在也绝对不是人类可以生存的地方。

“为了解决这个问题，假如谁表示有决心和顽强精神，而且比我向南走得更远，我将决不嫉妒他发现南极大陆的荣誉。但是我必然指出，他的发现是不会给世界带来任何好处的。”库克还以自己的亲身经历忠告人们：“我不能说从任何地方继续南进都是不可能的，而是说这样做是一种危险而鲁莽的举动……浓雾、严寒以及会给航行带来危险的各种情况都肯定会遇到……如果在那块南方陆地上开辟一些港口，那么进入这些港口的船只将会冒永远被冻结在那里（冰中）的危险……”

库克正确地指出未知的南方大陆位于地球的最南端，因为他推断他所看到的巨大的冰山无疑是从冰雪覆盖的陆地上崩断，而后漂浮在大洋中的。他也正确地预见到，向南航行可能遇到的危险和麻烦。直到今天，南极探险的船只，包括一些现代化程度很高的破冰船，也曾发生浮冰堵塞航道被困数月的事件。但是从人类对南极的探险史来看，库克船长的结论不免失之武断，因为南极大陆的发现决不是不能给世界带来任何好处的，而且恰恰相反，在库克之后，许多航海家并未因为他的忠告而停止对南极的探险。库克第一个揭开了南极探险的序幕，在序幕拉开之后，南极探险威武雄壮的英雄时代也就接踵而至了。

3. 揭开南极洲神秘的面纱

当库克船长从1772年至1775年完成了人类历史上首次探入南大洋航行归来后，他虽然没有为大英帝国带回期望中的南方大陆的土地和丰富的资源，使英国政府白白花费了庞大的航海经费，他甚至也没有给科学界带回有关南极洲令人鼓舞的消息，但是他却给一些利欲熏心的商人带回了至关重要的商业情报。

虽然，库克船长明确无误地向人们宣告了富饶美丽的南方大陆的神话彻底破产，并且严正指出地球的最南端是一个气候恶劣异常寒冷的地方，而且往南航行是非常危险的，随时可能被浮冰困住无法脱身。他劝人们打消去地球南方探险的念头。可是库克船长有意无意透露了一个诱人的信息，那就是在南极海洋的许多冰雪覆盖的岛屿生存着大量的海豹、企鹅和海狗（即南极毛海狮），还有许多躯体庞大的鲸在浮冰出没的海洋中游弋。库克船长在航行中不只一次见到南极特有的生物群。

也许库克船长只是忠实地报告了他的南大洋航行的见闻，但是说者无心，听者无意，就像当年人们听说澳洲发现了金矿的消息导致一场席卷澳洲的淘金狂一样，库克船长提供的商业信息立即引起巨大反响，进而掀起一股势头不小的南极探险的狂热。

这是一股在金钱的诱惑下出现的探险热。虽说在地理大发现时代，所有的航海探险，都不免为金钱、利益所驱动，所不同的是，由库克船长而引发的南极探险的狂热，有相当一部分是铜臭味极重的经济利益，那就是滥捕滥杀南极的海豹、企鹅、海狗和鲸。

各国的捕猎船不顾风急浪高，不畏冰山重重，不怕天气寒冷，纷纷前往南极洲周围的大大小小的岛屿，去捕杀那些可爱的生物，究竟是为了什么呢?

油脂！动物的油脂，还有价格昂贵的海豹皮。

他们要油脂干什么呢？因为当时人类尚未发现用电，日常生活照明用的蜡烛、洗涤去污用的肥皂，都需要消耗大量的动物油脂。另外，海豹皮是高级的裘皮，深受西方贵妇人的青睐，据说 20 张海豹皮可以卖到 800 美元的价钱，这在当时是相当令人垂涎的数目字。正是因为商业利益的驱动，西方的冒险家、船长、商人们不顾生命危险，纷纷到南极的海洋岛屿寻找财富了。

于是，枪声打破南极千万年的宁静，洁白的冰原雪野到处血流成河。据不完全统计，在南设得兰群岛、南桑德威治群岛、南奥克尼岛、南乔治亚岛，从1780年至1830年和1860年至1880年间，有120万头海狼倒于血泊之中，濒于灭绝。从1895年开始持续了25年，南极每年遭到屠杀的企鹅达 15 万只之多。到 19 世纪末期，南极附近的海豹濒临灭绝的边缘。与此同时，温驯善良的鲸鱼也遭到灭顶之灾，捕鲸船每一次技术的改进都意味着鲸鱼蒙受更大的灾难。由于滥捕滥杀，鲸鱼的数量急剧下降。这种滥捕滥杀南极生物的局面到了 20 世纪初才得到根本改变。这一方面是由于石油的广泛利用，石油化工产品代替了动物油脂的巨大需求；另一方面，人类的理智战胜了贪欲，保护南极生物资源的意识受到了广泛重视，也是重要的原因。

当然，除了单纯的为了获取动物油脂而诱发的南极探险热，也有许多航海家、探险家是步库克船长的后尘闯入风浪险恶的南极海洋，试图揭开南方大陆的真实面目的。他们前赴后继，不畏艰险，终于使人类对南极的认识有了一个巨大的飞跃。

我们知道，库克船长在南下航行的途中，虽经在南美洲南端的火地岛以东约 1100 英里处发现了一个小岛，这即是南乔治亚岛——库克以英国国王乔治三世的名字为其命名。他后来还发现了另一个群岛，即南桑德威治岛，库克兰以他的顶头上司、英国海军大臣桑德威治的名字命名的。

现在，我们在南极洲的地图上可以看到一系列当年发现南极冰原的船长、海军军官以及捕猎船船长的名字，他们用自己的名字命名新发现的海域岛屿。例如，1819 年，英国海军军官威廉·史密斯发现了南设得兰群岛——这个英国人用苏格兰以北的设得兰群岛给它命了名。1920 年 1 月，英国海军中校爱德华·布兰斯菲尔德在绘制南设得兰群岛的海图时，航行到南纬64度30分的地方，隐约看到了南方的土地。现在横亘在南设得兰群岛与南极半岛之间的一道海峡，便叫布兰斯菲尔德海峡。1820年11月，美国人帕尔默发现了南极半岛，他是捕猎海豹的小船英雄号的船长。由于这个原因，美国人至今仍把南极半岛称作帕尔默地，他们设在半岛的第一个人，据说是一个捕猎海豹的美国人，他叫约翰·戴维斯，是 1821 年 2 月 7 日登上南极半岛的——只不过这件事直到 1955 年才为人所知，当时发现了戴维斯的航海日记。

当然，这个时期来到南极海域，并且远远瞥见冰雪覆盖的南极半岛和其他岛屿，目前还大有人在，只不过历史没有留下他们的大名罢了。

在这个被称为帆船探险时代的早期南极探险史上，不能不提到俄国海军的一支探险船队，这就是著名的航海家、俄国海军中将别林斯高晋和船长拉扎列夫分别率领的东方号和和平号，他们从1819年到1821年在南半球航行了535天，其中有122天在南纬60度以南的海域航行，100天在冰区航行，全部航程9000多千米。和库克船长当年的远航相似，别林斯高晋的船队也是来寻找南方大陆的。沙皇亚历山大一世曾要求他们“尽一切努力和最大的力量，争取在可能范围内靠近极点，寻找谁也不知道的土地，一刻也不要忘记这一主要使命和重要目的——就是不但要发现土地，而且还要接近南极，再接再厉，努力完成这个使命。”这支由 189 名海军官兵及水手组成的船队

12次驶入南极圈，在1821年1月16日到达南纬69度22分、西经2度15分，这是他们航行的最南点，由于天气状况十分恶劣，无法通过的浮冰和阴云笼罩的海面，使得他们无法接近南极大陆。别林斯高晋的船队的主要功绩是发现了两个小岛，这就是用沙皇的名字命名的彼得一切岛和亚历山大一世地。关于俄国人发现的亚历山大一世地，还有疑问，因为不知道它究竟是一个岛屿，还仅是被冰层覆盖的海峡。

在这之后，随着澳大利亚有了大批英国移民，船只不必绕道美洲的南端，于是许多航海家以澳大利亚为基地，长驱南方，陆续发现并踏上南极大陆的海岸。1841 年 1 月，英国海军军官詹姆斯·罗斯爵士驶入南极沿岸的一个大海湾，这就是后来以他的名字命名的罗斯海。他还把海湾西边 800 千米的山地海岸命名为维多利亚地，这是 4 年前登基的英国女王的名字。沿西岸有一道山脉，是以女王丈夫的名字命名的阿尔伯特亲王山。罗斯发现了南极大陆边缘最大的冰障，这就是东西绵延600多千米，平均高达三四十米的罗斯冰障（亦称罗斯冰架），他于1842年航行到南纬78度15分的地点，创造了当时南进的最新纪录。在罗斯之前，法国人杜蒙·迪尔维尔在 1840 年从澳大利亚向南航行，发现了南极洲东边一条海岸，便以他的妻子的名字命名为阿德利地，他所见到的一种企鹅也称为阿德利企鹅。在这同时，美国海军军官查尔斯·威尔克斯率领的探险队在 1838 年到 1842 年，用了 4 年时间沿着南极海岸航行，他是美国第一支南极探险队的领导人，现在位于印度洋以南的这一带海岸就叫威尔克斯地。

可以说，到了 19 世纪 40 年代，经过许多探险家的艰苦探索，南极大陆已经确信无疑地证明它的存在了，剩下来的探险事业是如何深入南极洲的腹地。那冰雪覆盖的大地，酷寒的天气，凶猛的暴风雪，起伏的地形，到处埋藏着冰裂隙和陷阱的冰原，以及漫长的黑暗的冬天，令人望而生畏却又充满无法抗拒的诱惑，然而由于科学技术的水平和航海装备的限制，人类向南极腹地挺进的愿望一直不能实现。

4. 向南极点挺进

随着南极大陆的神秘面纱被逐渐揭开，科学考察开始渗入南极的探险事业。德国著名大数学家卡尔·弗里德里克·高斯预言有一个南磁极与地球的北磁极遥相对应，并且他预言南磁极应在南纬66度、东经146度。于是，在1838年至1843年，先后有三个探险队去寻找南磁极。1872年至1875年，英国海军挑战者号调查船进行了全球考察，随船的生物学家约翰·默里博士对南极洲附近海底捞取的大量岩石碎块进行了研究，进一步证实南极大陆的存在，他说："这些岩石无疑是从南极附近的大陆上搬运到那里的。"1882年至1883年的第一次国际极地年，有12个国家合作考察了北极和亚南极，在亚南极设了两个观测站，对地磁、极光、气象等进行了共同观测。正是在这些工作的基础上，1895年在伦敦召开的国际地理学会议作出决定，明确指出"南极考察是地理考察上非常重大的事件，仍需继续下去"，并宣布19世纪末到20世纪20年代是南极考察的英雄时代。

南极考察史上的英雄时代，也是对南极大陆进行最广泛的地理考察的时代。正是这个时期许多探险家前赴后继的努力，人类才真正第一次了解南极，认识南极，对这个白色世界的自然环境有了初步的概念。英雄时代最悲壮的一幕是英国斯科特探险队和挪威阿蒙森探险队向南极点的进军。

罗伯特·福尔肯·斯科特于1868年6月6日出生在英国北部的苏格兰，是一个富家子弟。很早进入英国海军学校学习航海，毕业后成为一名海军军官。他曾研究鱼雷，指挥过一艘鱼雷艇。1899年春天，30岁的海军上尉在伦敦遇到皇家地理学会会长克莱门特·马卡姆爵士。斯科特还在海军军官学校当海军候补生时，他在一次航海服役时遇到了马卡姆，后者对年轻的海军士官生特殊的指挥才能留下深刻印象。这次久别重逢，改变了斯科特的一生。马卡姆爵士告诉斯科特，皇家地理学会正计划派一支探险队进入南极，把英国国旗插到南极的冰原。斯科特听到这个消息，立即申请担任英国南极探险队队长的职务，而且很快获得批准。

斯科特是一个老资格的南极探险家，1901 年 8 月，晋升为海军中校的斯科特，率领23人的探险队，乘坐485吨的发现号开始了第一次南极远征。1902年2月，他们几经周折，在罗斯海中的罗斯岛西侧的冰架上建立了过冬基地，并且渡过了极地严寒的冬季。当南极短暂的夏天来临时，斯科特和几名探险队员向南极点进发，于 12 月底到达南纬82度11分，创造了前所未有的最接近南极点的新记录。可以说，这次探险是成功的，尽管没有到达南极点，但是斯科特因此取得了极其宝贵的极地生活经验。

在斯科特的探险队中，我们必须提到一位很出色的队员的名字，他是爱尔兰人欧内斯特·亨利·沙克尔顿。他在斯科特率队向南极腹地进军时因患了败血症，斯科特出于好意让他回国，认为他的身体状况不适合再从事南极探险。但沙克尔顿是个意志坚强的人，他决心以实际行动证明自己不是一个可以轻易击败的人，于是他在1907年组织了一支探险队，自任队长，向南极点发起了进攻。

沙克尔顿雄心勃勃，他兵分两路，一支由他亲自带队，目标是地球最南端的南极点，另一支请澳大利亚的戴维教授率队，目标是地球的南磁极。他企图一举拿下两项南极探险的世界冠军。

不过，沙克尔顿的运气不佳。他率队从当年斯科特探险队设在罗斯岛主基地附近的麦克默多海峡启程，横越罗斯冰架登上南极高原时，由于用西伯利亚矮种马拖拉雪橇，结果这些矮种马难以适应极地的寒冷相继死亡，这样，沙克尔顿在 1908 年 10 月末继续向南挺进时，已经没有可以拖拉雪橇的牲口，只能靠队员们用人力拉着雪橇了。

不过，沙克尔顿和三个队员还是克服了令人难以想象的困难，于1909年1月9日到达南纬88度23分，距离他们期盼的南极点只有160余千米。可是由于暴风雪，寒冷，缺乏食品，体力极度虚弱，他们不得不放弃最后的努力，而夺取南极点桂冠的荣誉就这样遗憾地与他们无缘了。

尽管如此，沙克尔顿取得了当时南极探险最佳的成绩，他所创造的纪录是空前的。

1910年，即沙克尔顿无功而返时，英国又组织了一支庞大的探险队向南极点发起最后的冲刺。这支探险队的队长即是著名的南极探险家斯科特海军中校。不过，当斯科特组成了65人的庞大探险队，乘坐特雷诺瓦号（392吨）开始第二次南极之行时，他却遇到了阿蒙森这样强劲的对手。

阿蒙森是挪威奥斯陆人，也是一位出色的探险家。不过，很久以来，阿蒙森的兴趣是北极探险。

1903年6月16日，阿蒙森和6名水手驾驶一艘只有47吨的小船约阿号，沿着当年富兰克林探险队的航线，驶向北美洲的北部。他们离开挪威穿过北大西洋，进入戴维斯海峡，然后沿着格陵兰岛西岸北上，进入巴芬湾。当年9月，经历了无数次难以想象的困难，约阿号在一个平静的海湾过冬。他们在岸上建起简易的房屋和观测室，测量地磁，进行天文、气象和水文方面的观测和岩石标本的搜集，并和当地的爱斯基摩人友好相处。由于第二年夏天海上的冰一直没有融化，他们只好留在原地度过第二个冬天，一直到1905年夏天，阿蒙森的探险队驾着约阿号又踏上西进的航程。他终于成功地开辟了西北航路，于1906年10月穿过白令海峡驶入太平洋，到达美国西海岸的旧金山，胜利地结束了这次轰动世界的航行。

在这之后，已经成为举世瞩目的探险家阿蒙森，把他的下一步行动目标投向地球的最北端——北极点。他物色了392吨的挪威考察船弗雷姆号，决定于1910年开赴北极探险，并把这个雄心勃勃的计划公之于世。可是，就在这时，意外的事件发生了。美国海军上将罗伯特·E·皮尔里于1909年4月6日胜利征服了北极点，夺取了第一个到达北极点的冠军。在这种情况下，阿蒙森当机立断，掉转船头向南，决定和先行一步的英国探险家斯科特决一雌雄。

这里，我们不妨看看这两个竞争对手的时间表。

阿蒙森是1910年6月乘坐弗雷姆号离开挪威的，9月船行到大西洋上的马德拉群岛时，阿蒙森才将改变计划进军南极的行动告诉大家。他还对大家讲，如果谁不愿意去的话可以离开，他将设法送他们回国。起初，船员们一个个惊呆了，可是等他们听明白阿蒙森的意图，没有一个人不赞同他的计划，并且对阿蒙森的大胆和勇敢表示由衷的佩服。1911年1月14日，弗雷姆号到达南极洲罗斯海东侧的鲸湾。

在这同时，斯科特率领的英国探险队也于1910年6月从英国加的夫启程。不过当斯科特乘坐的特雷诺瓦号——这是由一艘远洋捕鲸船改装的考察船。到达澳大利亚的墨尔本时，他收到阿蒙森一封简短的电报："谨通知您，我已前往南极。阿蒙森。"这封战表似的电报使斯科特感到恼火，但是他坚信阿蒙森决不是他的对手。因为他的探险队实力雄厚，装备精良，最重要的是，他有丰富的极地探险经验。不过特雷诺瓦号从新西兰启航后，在驶入南极海域时遇到一场特大风暴，当他们好不容易到达南极洲的埃文斯角时，已经比原定计划晚了十多天。

现在我们再来看看阿蒙森探险队的情况。

阿蒙森一到鲸湾，1月27日就在离岸不远的安全地点建成名叫弗雷姆海姆的营地。从2月9日起，他们就按照严密的计划，开始向南沿着经线布设仓库。根据阿蒙森的安排，每隔一个纬度，即110千米设一个仓库，这是为向南极点冲刺的探险队员储存食品和生活用品的仓库。在两个月的时间内，他们利用狗拉雪橇在80度、81度和82度设下三个仓库，运进7500磅食物。为了便于今后找到这些仓库，阿蒙森还在雪地上插上竹竿，竹竿不够，便放上一条冻得结结实实的咸鱼。事实证明，这些准备措施为阿蒙森后来的胜利起了重要作用。

斯科特探险队也在忙着进行各项准备。建立营地，向南布设仓库。由于地形崎岖不平，给物资运输带来极大困难，再加上斯科特带来的西伯利亚矮种马根本不适应极地气候，运输物资遇到很大麻烦。从1911年1月下旬到2月中旬，他们仅在南纬79度27分处建起一个一吨仓库，贮存了大约1吨的食品和燃料。

这里需要交代一句，从装备情况来看，阿蒙森只有一百多只爱斯基摩犬，是从格陵兰挑选的，还有足够的上等雪橇和滑雪板。阿蒙森对拉雪橇的狗体贴入微，三个食品仓库除了海豹肉、饼干、黄油、奶粉、巧克力、火柴和煤油，还有给狗吃的干肉饼。而斯科特除了33只爱斯基摩狗，还有15匹西伯利矮种马，以及两部摩托雪橇——这是当时最现代化的交通工具。不过，斯科特的错误恰是选择了不适合南极的西伯利亚矮种马和摩托，这个小小的疏忽终于铸成无可挽回的大错。要知道，沙克尔顿失利的原因，主要在于西伯利亚矮种马。我们至今很难理解，精明强干的斯科特为什么会如此粗心大意，重犯这个不能原谅的错误呢？

渡过了南极漫长而寒冷的冬天之后，1911年10月19日和10月24日，阿蒙森和斯科特各自率领本国探险队向南极洲的腹地进发。阿蒙森和4名队员是由42只膘肥体壮的爱斯基摩犬，拉着四副载满超过正常需要量的食品和其他用品的雪橇启程的。去南纬82度这一段的路线，他们很熟悉。此后他们便踏入完全陌生的世界。一路上他们小心翼翼地向南前进，而且每隔一个纬度照例设立一个食品仓库，以备归途之用。

斯科特的探险队出发时带了4匹马，22只狗和2部摩托雪橇，但是刚走出六十多千米，摩托雪橇就出了故障，变成一堆废铁。11月15日，好不容易走到一吨仓库营地，4 匹西伯利亚矮种马不堪忍受极地严寒奄奄一息，斯科特只好将马射杀。从此以后，他们失去了运输工具，只好靠人力拖拽沉重的雪橇，这就大大消耗了探险队员的体力。

再说阿蒙森一行到达南纬 83 度时，远处隐约可见巍峨的山脉连绵起伏。这些山脉坐落在85度附近，海拔超过4500米。山的那边便是海拔 3700 米的南极高原，这是南极点附近一带像一个圆丘形的高地，大陆冰川向四周缓缓移动，气候干燥而酷寒。阿蒙森知道，最后这一段路程最为艰苦，必然轻装前进，为此当他们越过起伏的山脉爬上南极高原，阿蒙森命令将其中 24 只较弱的狗杀掉，去掉一副雪橇。剩下的 18 只狗分为 3 组。

这时天气突然变坏了。暴风雪刮了几天几夜，仍然没有停止。他们在帐篷里呆了 5 天，阿蒙森沉不住气了。他担心这样耽搁下去会落在英国人后面，决定顶着狂暴的风雪继续前进。他们用绳子拴在腰间，迎着风雪的冰原上跋涉。但是即使这样，人和狗仍然不时滑倒。他们每走一步都需小心翼翼察看脚下，因为到处是冰裂缝和可怕的深渊，随时都有可能发生危险。他们把经过的地形险恶的地方，起了诸如恶魔冰河、鬼门关、魔鬼跳舞厅这类名称，由此也可以想见路途是多么艰险。

1911 年 12 月 8 日，他们到达南纬 88 度 23 分，这是三年前沙克尔顿曾经到过的最南的纬度，再往南就是从未有人到过的地方。这时天气突然晴空万里，阳光耀眼，阿蒙森和伙伴们激动不已，他们忘却了疲劳，脸上的溃疡，脚上的水泡都不在话下。12 月 14 日，他们终于到达地球的最南点：南纬 90 度，完成了人类有史以来第一次征服南极点的进军。这一群欣喜若狂的挪威探险家，在南极点堆起一座圆锥形的石堆，支起一顶小帐篷，在帐篷顶上插上挪威国旗和弗雷姆号的船旗。他们在南极点逗留了36小时，又踏上返回弗拉姆雪姆营地的归程。当他们胜利地回到营地时，时间是 1912 年 1 月 26 日。前后只用了 99 天。

当阿蒙森一行从南极点返回时，斯科特和 4 名队员仍在彼尔德摩冰川艰难跋涉。这条冰川随着地势增高，坡度越来越陡，遍地布满深不见底的裂缝。他们迎着从南极高原吹来的疾风，艰难地爬上南极高原。等到他们历经千辛万苦到达南极点，已是 1912 年 1 月 18 日，比阿蒙森探险队晚了一个多月。

然而，苦难并未结束。由于出发和在途中耽搁了时间，严寒的季节很快来临，加上他们的食品严重不足，斯科特和 4 名队员的身体越来越虚弱。在返回的路途，斯科特摔伤了，另一名队员、海军上士埃文斯严重冻伤，于 2 月 17 日死去。虚弱的奥茨上校为了不拖累大家，在暴风雪的时候离开帐篷从此不知下落。但是剩下的三名探险队员也未摆脱死亡的威胁。在离一吨仓库只有 20 千米的地方，他们倒在暴风雪之中，从此再也没有起来。这是 1912 年 3 月 27 日。直到 1913 年 10 月，英国搜索队才在茫茫的罗斯冰架上找到他们的帐篷和 3 具冻僵的尸体。在帐篷内除了发现珍贵的斯科特的日记，还有 35 磅化石和岩石标本，这是他们在极度虚弱的情况下一直保存完好的珍贵科学资料，是他们用生命的代价留给人类的遗产。

为了纪念斯科特的不朽功绩，英国的极地研究所以他的名字命名。南极大陆上的两个科学站，罗斯岛上的叫斯科特站，南极点上的叫阿蒙森－斯科特站。

人类征服地球的最后边疆——南极洲，就是以这样悲壮的场面拉开了“英雄时代”的帷幕。从此以后，随着科学的进步，南极探险又相继跨入航空考察时代（20 世纪初至 20世纪40年代）和今天的常年考察站时代（从20世纪40年代至今）。

第三章　奥妙无穷的世界

南极洲是我们星球上最偏远的大陆，而且我们已经知道，它还是地球上最寒冷、最干燥、风最大、冰最厚、最荒凉的大陆。但是，两百多年来，一批又一批勇敢的航海家、探险家不畏南大洋的狂风恶浪和重重浮冰、冰山的阻挡，不顾南极变化莫测的天气和暴风雪的淫威，付出了生命的代价，踏上了这个桀骜不驯的白色世界。今天，不同肤色、不同国籍的各学科的科学家，抛弃了舒适的生活，远离了繁华的文明世界，心甘情愿地跑到这块没有人烟、寂寞孤独的冰原，把他们的全部智慧和精力献给南极的科学事业。人们不禁要问，南极为什么有如此之大的魅力，这样深深地吸引了他们呢？

许多国家的探险家，特别是今天的各国科学家，所以不遗余力地深入到南极茫茫冰原，成年累月在这般恶劣的环境里工作生活，并不仅仅是出于好奇心，而是因为展现在他们面前的白色世界，与地球的其他大陆有着全然不同的自然景观，这里有无穷的奥秘有待于探索，有许多新奇的自然现象有待于研究。南极洲是一个不可多得的天然实验室，许多自然科学的学科只有在这里才能找到答案，科学家在这里找到了施展才华的用武之地。

南极洲是一个充满奥秘的世界。

1. 飘移的大陆

前面说过，英国探险家斯科特遇难后，人们在他的雪橇上发现了15.9千克保存得很好的岩石标本。这些标本被送到英国伦敦，经过科学家鉴定，发现其中有的石头中包含着舌羊齿的化石。

舌羊齿是一种古老的植物，在两亿多年前的二叠-石炭纪，它是地球上许多地区广泛生长的热带植物，甚至形成大片的森林。

在南极的地层中发现舌羊齿的植物化石，不仅提供了一个非常重要的信息，这就是在两亿多年前，南极的气候并不像今天这样寒冷，而且人们有理由提出这样的疑问：当时的南极大陆是否在今天的位置，位于地球的最南端?

这个问题的提出，并不是胡思乱想，也是有科学根据的。

因为不仅在南极大陆的岩层中发现了舌羊齿的化石，地质学家还在遥远的印度发现了同一类型的舌羊齿植物化石。近些年，中国地质学家在西藏喜马拉雅山和雅鲁藏布江的地层中，也找到了相似的舌羊齿化石。

越来越多的发现，使科学家对南极大陆的身世有了进一步了解。

例如，在南极发现了大量的古生代和中生代的生物化石，与南半球其他大陆发现的化石极其相似。其中古杯纲动物、三叶虫、腹足类软体动物、苔藓虫、鱼类、棘皮动物、腕足动物、瓣腮动物等，这些动物与澳大利亚、南美洲及非洲南部的古动物群非常相似，而且根据这些动物的生活习性，它们绝不可能从别的大陆远涉重洋迁移到南极来的。

尤其是在南极横贯山脉地区发现的三叠纪爬行动物和两栖动物的化石，使科学家兴奋不已，因为如水龙兽类的动物不可能横渡大洋，只能在陆地上迁徙。而在南半球的其他大陆也发现了它们的化石。

除了动植物化石，科学家还从岩石的地质成因，构造特征，以及古代冰川沉积物的类型和成矿带的形态，以大量资料证明，南极洲和南半球其他大陆之间有惊人的相似之处，它们有着某种“血缘”关系。

现在，关于南极大陆的身世终于真相大白，原来，这是一个飘移的大陆。

1910年，德国一位气象学家魏格纳，面对一幅世界地图，目光从南美洲凸起的东海岸，掠过大西洋，停在非洲凹进的西海岸，顿生奇想。大西洋两岸相距遥远的两块大陆，一凸一凹，遥相对应，唤起了魏格纳的丰富想象力。虽然有人认为这不过是偶然的巧合，但是魏格纳却认为偶然的现象中包含着某种必然性。他认为，唯一合理的解释是，美洲大陆和非洲大陆起初是连在一起的，后来一股强大的力量将它们分开了。

当然，仅仅是大胆的想象还不足以使人信服。魏格纳开始为他的观点寻找无懈可击的证据。南美洲、非洲发现的大量古生物化石，以及岩层和地质构造的相似，说明两个远隔重洋的大陆有着千丝万缕的血缘关系。于是，1912年魏格纳公开了他的大陆漂移说。1915年，他的划时代著作《大陆与海洋的起源》问世。

不过，像一切科学真理的命运一样，魏格纳的学说，一开始就遭到地质学界的抵制和无情批判，因为长期以来人们信奉大陆是固定不动的观念。差不多过了半个世纪，到了20世纪60年代，由于海底调查的大量发现，揭示了海底扩张的证据，人们才不得不承认，魏格纳的大陆漂移说是正确的。

值得一提的是，当魏格纳的学说遭到冷遇时，一批在南极从事地质研究的学者却坚定地站在魏格纳一边。因为南极发现的大量古动植物化石有力地说明，南极并不是自古以来就是如此寒冷，如此荒凉，永远笼罩着冬天的愁云惨雾，它有过如花似玉的年华，有过繁花似锦的春光，也有过茂密的森林，潮湿的沼泽，温暖的海水，曾是生机勃勃的世界。

据地质学家研究，在2.2亿年以前，南极大陆和地球其他大陆连为一个整体，这块辽阔的超级大陆称为联合古陆。

当时气候温暖，南极大陆长满茂密的阔叶林。

后来，由于地壳内部运动，联合古陆一分为二，形成北部的劳亚古陆和南部的冈瓦纳大陆，这个时期大约在1.8亿年前。

又经过漫长的岁月，这两块古陆本身也开始解体，劳亚古陆一分为三，形成今天的北美大陆、欧亚大陆和格陵兰岛。冈瓦纳古陆四分五裂，逐渐形成今天的南美洲、非洲、澳大利亚、印度次大陆和南极洲。

科学家证实，南极大陆在2000万年前就为冰雪所覆盖，而且完全与其他大陆脱离，形成今天的格局。

也就是说，南极的冰盖之形成已有2000万年的历史了。

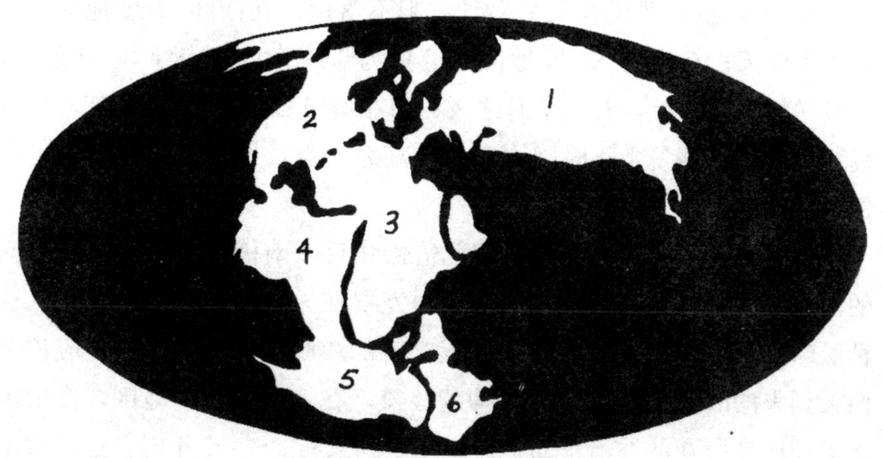

魏格纳的冈瓦纳古陆复原图

1. **欧亚大陆** 2. **北美洲** 3. **非洲** 4. **南美洲** 5. **南极大陆** 6. **澳大利亚**

2. 极昼与极夜

南极洲的夏天是最迷人的。不仅仅是由于气温明显升高，企鹅、海豹和众多鸟儿繁衍生息，呈现出一派生机盎然的景象，而且太阳好像是为了补偿冬天的懈怠，这时候大大延长了它普照大地的时间。越是纬度高的地方，太阳一天 24 小时不落山的天数越多。因此，每当到了夜晚，原本是黑夜笼罩、星星和月亮在夜空内耀的时刻，你会看见太阳仍然高高地挂在冰原上空，用它微弱的光辉映照着寂静的冰雪大地，这就是极地的白夜奇观。

凡是夏天到过南极的人，都会感受到这种白昼漫长给人的强烈印象。我们在其他大陆习惯了的昼夜循环更替的规律，在南极却发生了惊人的改变。白昼的延长导致了白夜的现象，随着纬度升高，极昼的时间越来越长，而且持续的时间也更加持久。在南纬 70 度地区，极昼长达 65 天，也就是说有两个多月太阳不落山；在南纬 75 度地区，极昼为 103 天；在南纬 80 度地区，极昼为 134 天；在南纬 85 度地区，极昼增加到 161 天，有 5 个月之久；而在南极点，即南纬 90 度，极昼高达 186 天，整整半年时间太阳总是高悬天空，慷慨地将热力倾泻在银色的冰原上。

但是，到了南极的冬季，情况恰恰相反，南极地区出现了长时间的黑暗。太阳从地平线上消失，大地笼罩在无边的黑暗之中，而且这种黑暗并不是我们习以为常的昼夜交替的夜晚，黑夜在延长，应该是白天到来的时候依然是令人压抑的极夜。在纬度较低的地区，像中国南极长城站所在的乔治王岛，白昼缩短到只有 3～4 个小时，还不致出现漫长极夜的情况，但是随着纬度越来越高，将出现黑夜统治一切的无昼日，也可以说，白昼变成了“黑昼”，这种称为极夜的时期可以从几个星期到几个月以至半年之久，真可以称得上是暗无天日了——在不同地理纬度，极夜持续的时间长短不同。在南纬 70 度，极夜为两个月（60天）。位于南纬69度22分的中国南极中山站，在这里越冬的考察队员有整整2个月是不见天日的。到了南纬75度地区，极夜增加到97天，南纬80度地区为127天，南纬85度地区为153天，而在南极点则高达179天，差不多也是整整半年。

1898年，由比利时海军组织的一支探险队，乘比利时号船沿着南极半岛西岸进行了大量实地测量和科学考察，他们的主要任务是考察南磁极。不料，这年 3 月 3 日，到了南磁极对面的格雷厄姆地，比利时号陷入浮冰包围之中，随冰漂泊了13个月之久。这是有记载以来人类第一次在南极海冰上过冬，他们在极端寒冷的条件下经受了极大的痛苦折磨，尤其是长达半年之久的漫长极夜，使他们苦不堪言，却又无法脱离险境。据说当他们度过极夜，第一次看见太阳从地平线上慢慢露出时，所有的人都惊呆了，谁也说不出话来，仿佛是一群关在黑暗的地牢中的囚犯第一次见到阳光，继而他们恍然大悟，明

白了黑夜终于过去，冬天行将结束，于是他们好像见到了救星，情不自禁地欢呼起来，有的人激动得号啕大哭。

这是人类在南极第一次亲身经历极夜的真实情景，今天每个在南极越冬的人也都会有相同的感受，只不过人们不致于像比利时探险队经受那样巨大的磨难了。

不过，一些在南极从事科学考察的科学家都有这样的亲身体验，由于南极的长期白昼和长期黑暗，他们往往无法区分昼与夜。他们有时可能连续工作好几天，只是在精疲力尽时睡觉。而在漫长的不见太阳的极夜，他们的生物钟更加紊乱，人的情绪也受到很大影响，有人变得性情暴躁，有人情绪低沉，食欲不振，经常失眠等等——这个时期对人的意志也是极大的考验。所以，南极考察人员不仅要求有强健的体魄，而且必须具备很好的心理素质。

南极地区和北极地区出现奇妙的极昼和极夜，是其他大陆所没有的。这种现象是由于地球的自转轴并不是与地球绕太阳公转时的轨道平面垂直，而是形成一个 66 度 30 分的夹角，也就是说，在连接南北极点的地轴同垂直于地球轨道平面的线形成一个 23 度 30 分的夹角。

正是这个地轴的倾斜，使南极（和北极）出现了极昼和极夜现象。

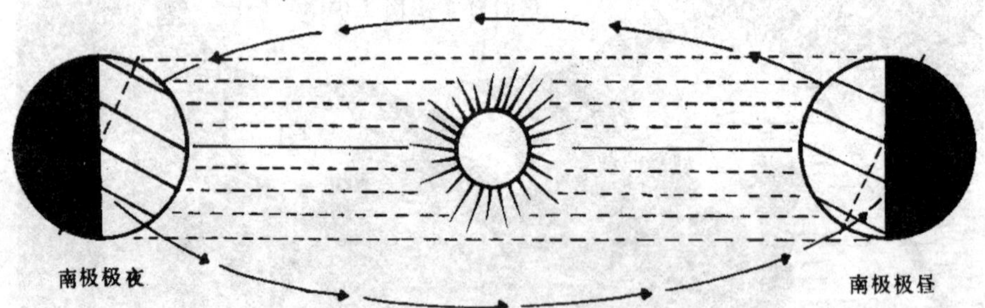

生活在北半球的人都知道，夏天日长夜短，夏至这天白昼最长，越往北走（即纬度越高），这种情况越明显。这是由于地轴（即地球的自转轴）的倾斜，夏季北半球向太阳倾斜的缘故。在北纬 66 度 30 分的地方——这就是北极圈，夏至这天，太阳整日都挂在地平线以上，而在北极圈以北的高纬地区，整个夏季将会出现长短不一的极昼。

这个时期正是南极的冬季，情况恰好相反：南半球倾斜离开太阳，在南极圈（南纬66度30分）以南的南极冰原，太阳不再升起，出现了漫长的极夜。

到了北半球的冬季，南半球又向太阳倾斜，于是南极圈以南的高纬度地区出现了全年中最长的白昼，太阳不落的时间越往南越长，这就是南极夏天的极昼了。

说到这里，有必要介绍一下南极考察队员翘首盼望的南极仲冬节。

每年的6月21日，是一个各国南极科学考察站约定俗成的共同节日，这就是南极仲冬节。因为这天是北半球的夏至，在南半球就是冬至。在此之前是南极的极夜，位于不同纬度的各国科学站虽然极夜的天数不等，但都有或长或短的日子见不到太阳。一旦过了6月21日，漫长黑暗的极夜将逐日变短，在寒冷的极夜坚持科学考察的队员因此将要见到久违的太阳了。

为了欢迎光明的到来，在南极仲冬节这天，各国考察站之间都要相互致电表示祝贺和问候。相邻的考察站也互相访问，并举行隆重而别开生面的庆祝活动。有的还举行体育比赛、舞会和文娱表演。在中国南极长城站所在的乔治王岛，智利的马尔什基地和乌拉圭站相距都不太远，他们在南极仲冬节这天举行过国际乒乓球赛、国际足球赛，虽然条件简陋，观众也不多，更没有电视台现场转播，但各国考察队员的友谊在每个人心中留下的记忆是永存的。

极昼和极夜不仅是南极最具独特的自然奇观，它的存在可以说主宰了南极的气候变化，冰情的消长，所有陆地和海洋的一切生命的生态习性。科学家们正在研究南极的动植物是如何适应这样长期的黑暗，为什么许多生物能够在长期黑暗的环境中生存。

对于人类来说，极昼和极夜的交替，无疑对生活在南极的人产生深刻的影响，在生理上，在心情和精神状况方面，都有明显的反映。

这正是极地人体医学和人体生理学关注的领域。人类要在南极生存、工作并开展科学研究，也不能忽视极地昼夜变化的深远影响。

3. 可怕的乳白天空

白茫茫的冰雪世界，千姿百态，妩媚动人，使多少人为之留连忘返，但是她一旦变脸，也会翻脸不认人，变得极其凶残可怕。

在南极生活过的考察队员，谈起野外考察的种种艰险时，虽然对狂风的威力十分敬畏，对暗藏的冰裂缝也视为畏途，但不论是狂暴肆虐的飓风和掩埋在雪层下面的裂隙还是可以预先提防的，唯有可怕的乳白天空无法预知，它来得快，令人猝不及防，一旦遇到乳白天空，那就意味着死亡逼近了。

这么可怕的乳白天空，究竟是怎样一回事呢？

中国第二次南极考察队于1985年11月底到达乔治王岛的中国南极长城站。有一天，4名考察队员前往乔治王岛的菲尔德斯半岛的东南海岸考察，在他们返回基地时遇到了一次罕见的乳白天空。

当时的情景是这样的：当他们四人在回程的路上时，天色骤变，强风袭来，白濛濛的厚厚云层盖住了整个天空和地面，以至比伸手不见五指的浓雾还迷濛。

为了安全起见，四人当即决定绕弯路以免迷失方向，不料就在四人匆忙步行上山时，前后不到5分钟，乳白天空骤然而至，顿时四面皆白，如同坠入一个硕大无比的牛奶桶内，无论朝哪个方向都是白茫茫浑沌一片，什么也看不见，也无法分辨东南西北。

这时他们四人只能互相靠近，不敢贸然轻举妄动，因为根据经验，倘若有一人独自前行，即刻就会消失，与大家失散，其后果难以预料，唯一安全之举是站住不动，大家可以互相关照。同时有几个人在一起，也减少了恐惧感。

幸好他们装备齐全，携带了观测方向的仪器，还不至于迷失方向。尤其是这次乳白天空出现的时间短暂，仅45分钟便消散殆尽，所以他们没有发生危险。

不过，这次难忘的经历在他们的记忆中印象很深。其中一个考察队员后来回忆时还心有余悸。正如他们所讲的，南极探险家虽有大无畏精神，但仍怕南极的乳白天空。因为在乳白天空的情境中，没有阴影或影子，没有物体之间的对比。巨大白袍般的云层笼罩雪野，使人失去视像和视距。也就是说，在乳白天空的情况下，人眼已无法判断距离的远近，物体的大小高低，并且会产生奇幻的错觉，无法区别冰雪面的起伏，也很难分辨附近的细小物体和远方的较大物体。连惯于在南极生活的鸟类，也因为在飞行中遇到可怕的乳白天空，迷失方向，看不见雪野冰原的表面撞地而死的事也是屡见不鲜的。

乳白天空是怎样形成的呢？这是由于极地的低温气候和冷空气的特殊作用。由于低层的大气中含有大量的冰晶雪粒，照射在冰层上的太阳光反射到低层大气中，又被这些类似水晶体的冰晶雪粒四散反射到冰层，这样来回反射便形成一种令人目眩的乳白光线，映在整个天空就形成了极地大气的一种特殊自然现象——乳白天空。

乳白天空对于南极考察人员是相当危险的，它不仅使人对周围的

景物产生错觉，迷失方向，严重的还能使人失去知觉，以至丧命。在南极考察史上，不止一次发生过考察人员遇上乳白天空而发生的严重事故，有的滑雪者突然摔倒在地，有的汽车突然翻车，最严重的是导致了空难事故。

对于飞行员来说，乳白天空使飞机陷入类似牛奶一样浓稠的浑浊不清的环境。飞行员立刻辨不清哪里是天上，哪里是地面，也分不出前后左右，而且距离远近的差异也随之消失，把很近的物体看得很远，很远的物体似乎变得很近，于是方向感不存在了。1958 年，在威德尔海海岸的美国埃尔斯沃斯基地，一架直升飞机上的驾驶员因遇到可怕的乳白天空，顿时失去控制而机毁人亡。1971年，一架美国C—130 大力神运输机，在距离特雷阿德利埃 200 千米处突然失踪，一直下落不明。据分析，也是因为遇上了可怕的乳白天空。

4. 移动的南磁极

据历史学家考证，早在公元3世纪以前，我们中华民族就用天然磁铁发明了指南针，当时称作司南。这种神奇的仪器不管放在哪里，它的手臂总是执拗地指向地球的南方。

现在我们知道，地球是一个大磁铁，在地球的南北两极，存在着两个磁极；北磁极和南磁极。中国人发明的指南针，正是利用了磁铁的两极和地球的磁极相互吸引的原理，从而成为人类最古老的指示方向的仪器，并且一直沿用到今。

但是，地球的南磁极究竟在哪里？在人类早期的南极探险时期，这个饶有兴趣的问题成为当时许多探险队努力搜索的目标之一。

南磁极和北磁极一样，都不在地球的极点上。因此在地球的任何一方，磁针所指的方向和地理子午线的方向之间都有一个夹角，这就是磁偏角。又因为地磁场的磁力线集中于地磁极，所以除了在赤道以外的地球任何地方，磁针的位置不可能是水平的，它与水平面之间也有一个夹角，这就是磁倾角。根据这个原理，磁倾角从赤道向南北磁极是越来越大，当磁倾角等于 90 度，即磁针所指的方向与地面垂直时，该地就是地磁场的两极了。

前面说过，19 世纪 20 年代，德国著名数学家高斯发表了关于地磁场的理论，并且计算出南磁极的具体位置，于是测定地磁极的位置一时成为各国探险队追逐的目标。

1831 年，英国探险家罗斯率先确定了北磁极的位置，然后挥师向前，于 1840 年至 1841 年间到达罗斯海，最后到达南纬 76 度、东经 164 度的地方，按照高斯指出的南磁极位置开始搜索南磁极。只是由于南极横贯山脉的阻挡而无法到达南磁极，但他测定的结果证实了高斯的理论推导，指出南磁极应在离海岸约 300 千米的维多利亚地。

在这前后，法国探险家迪蒙·迪尔维尔率两艘三桅军用帆船驶向南极，发现了以他的妻子的名字命名的阿德利地及南极大陆的其他一些地方，在 1840 年间探测了南磁极的位置。

美国海军军官查尔斯·威尔克斯于 1840 年 1 月率领美国政府组织的探险队前往南极，他们的目标也是搜索南磁极。

但是，所有这些探险队虽然进行了地磁测量，由于条件限制，都没有真正到达南磁极。

前面说过，1907 年爱尔兰探险家谢克尔顿组织了一支探险队，试图一举征服南极点和南磁极，谢克尔顿虽然失去了夺取征服南极点冠军的荣誉，但是由澳大利亚戴维教授率领的一支探险队，从罗斯岛乘雪橇向西北方挺进，于 1909 年 1 月 6 日终于胜利到达前人未曾到过的南磁极，当时所测定的南磁极的位置是南纬 72 度 25 分，东经 155 度 16 分，海拔高度为 2213 米，他们前后用了 109 天，往返行程约 2000 千米。这个地点即是现在的维多利亚地。

奇怪的是，南磁极并不是固定不动的。1983 年澳大利亚的地球物理学家对从 1600 年到 1980 年共 380 年的南磁极的位置进行计算，发现了一个惊人的现象：南磁极在最近的 140 年里，沿着北和北西方向移动了 1200 千米，而且移动的速度也是时快时慢，极不均匀，平均为每年8.6千米。

北磁极的情况也是如此，移动的方向和速度与南磁极大致相似。

法国在南极的科学考察站——迪蒙·迪尔维尔站建在一个不足 2 平方千米的彼得勒斯岛上。该站有十几幢建筑物，可供 50 人生活和工作。它的具体位置在南纬 66 度 41 分、东经 140 度。法国人所以选择在这里建站，就是因为这里地处南磁极，因此在这个特殊的地方可以观测到许多奇异的现象，如这里一般的罗盘完全失效，地磁强度特别强，高达7万伽玛，相当于我国地磁强度的1.5倍。由于南磁极是聚敛磁力线的地方，强大的磁力线和带电粒子（α、β、γ 射线等）从宇宙空间向这里高度集中，对电离层产生强烈扰动，并且形成美丽的极光及其他大气物理和空间物理现象。

如果我们拿迪蒙·迪尔维尔站所在的经纬度和 1909 年莫森测出的南磁极的位置进行比较，就会发现这些年来南磁极已经移动了一千多千米，现在南磁极与南极点已越来越远，相距达 2400 千米之遥了。

南磁极（和北磁极）的移动对我们的地球影响是很大的，后面还要继续介绍。它对地球上空的高空物理现象必将产生直接的影响，这是可以预见的。不过，最明显不过的是它的移动会影响许多生物的方向感。我们知道，世界上许多生物尤其是鸟类可以随季节而迁徙，飞行漫长的距离不会迷失方向，并能准确地找到他们世世代代的栖息

地，主要是依靠地球的磁场判明方向。可以想见，由于地球磁极的不断移动，那些依靠磁场定向的鸟类及其他动物，也许有一天将会迷失方向，找不到越冬或度夏的地方，那将会造成什么后果，这是难以预料的。

关于地磁极为什么会移动，究竟要移到哪里才会结束，至今仍是一个未知之谜。

5. 大自然的礼花

我们的祖先早在宋代就发明了美丽的焰火，直到今天，世界上许多民族都用吉祥喜庆的焰火来装点节日的夜空，以一种特殊的方式寄托他们的喜悦心情和对和平幸福的憧憬。

不过，在中国人的焰火问世之前，大自然从几十亿年前开始，一直就用五彩缤纷的礼花点缀极地的天空。在黑暗笼罩的漫长极夜，大自然施放的礼花创造了美丽的神话世界。

当然，这并不是礼花，而是南北极特有的高空物理现象——极光。

每一个有幸在南极度过漫长冬天的人，虽然忍受着寒冷黑暗的煎熬，但是南极也给予了他们最好的补偿，那就是用绚丽多姿的极光将他们带入一个空灵奇幻的童话世界，抚慰他们那寂寞孤独的心灵。

对于极光，这大自然精心制作的美术作品，任何文字的介绍似乎都不足以表现其万一。聪明的古代人以丰富的想象力，为极光编织了许多动人的神话。极光一辞源于拉丁文“伊欧斯”，传说伊欧斯是希腊神话中黎明的化身，是希腊神泰坦之女，也是太阳神和月亮女神的妹妹。而她又是北风等多种风和黄昏星等星辰的母亲。传说中还把伊欧斯说成是猎户星的妻子。在一些古代艺术作品中，伊欧斯是个年轻的女子，驾着马车从海中腾空而起，或者手持银瓶向人间普洒甘露，总之极光在人们心目中是无比美丽、令人遐想的。

极光出现在漫漫极夜的黑暗夜空，它的形态千变万化，色彩绚丽夺目，有的如凌空飘拂的巨大帷幕，有的如五彩缤纷的云霞，有的如跳动的火舌，有的如眩目的灯光，也有的如婀娜多姿的彩绸飘带，美不胜收。极光的亮度最强时可将夜

空和黑沉沉的旷野照得通亮，光线强烈如同白昼，地面上物体的轮廓都十分清楚，甚至会照出物体的影子，有时甚至可以看书阅报。极光的规模也相当惊人，它上下纵横成百上千公里，甚至达到近万公里长的极光带。至于极光的颜色，用红的、紫的、蓝的、黄绿色的调色板根本无法描绘，因为据目前能分辨清楚的极光色调已达160种。

极光为什么出现在地球的南极和北极，而在其他地区却见不到呢？这和前面讲到的地球的磁极有着密切的关系。

我们知道，地球这个硕大的磁铁有南北两个磁极。在地球上空有一层自由电子存在的空间，这就是无线电通讯赖以畅通无阻的电离层。电离层离地面的高度大约从60千米开始一直伸展到1000千米以上，但各地的电离层的高度、密度和厚度都随季节和昼夜而变，特别对太阳活动十分敏感。

极光，这出现在极地黑暗的七彩光带，形象地说，它是太阳和地球亲吻而发出的火花。因为太阳释放出来的大量带电粒子流，到达地球附近时，其中一部分由电子与质子构成的太阳风，被地球的磁场所吸引，沿着肉眼看不见的磁力线，进入极地上空。

由于电离层是由正离子和电子组成的，当飞速前进的太阳风撞击电离层时，电子和各种气体分子如氢、氧、氮、氖、氦和氩等发生撞击，迸发出五颜六色的光华，于是极地上空顿时出现五彩斑斓的绚丽极光。

可见，极光与太阳活动有着非常密切的关系，说它是太阳带给极地的礼物，一点也不过分。

科学家发现，当太阳黑子每隔11年发生周期性变化时，由于太阳表面的耀斑极其活跃，释放到地球的太阳风也增强，于是极光也更加活跃。

因此，科学家把极光视为太阳活动的“彩色电视图象”，根据极光的时空出现率，可以了解太阳粒子的活动情况，以及这些太阳粒子通

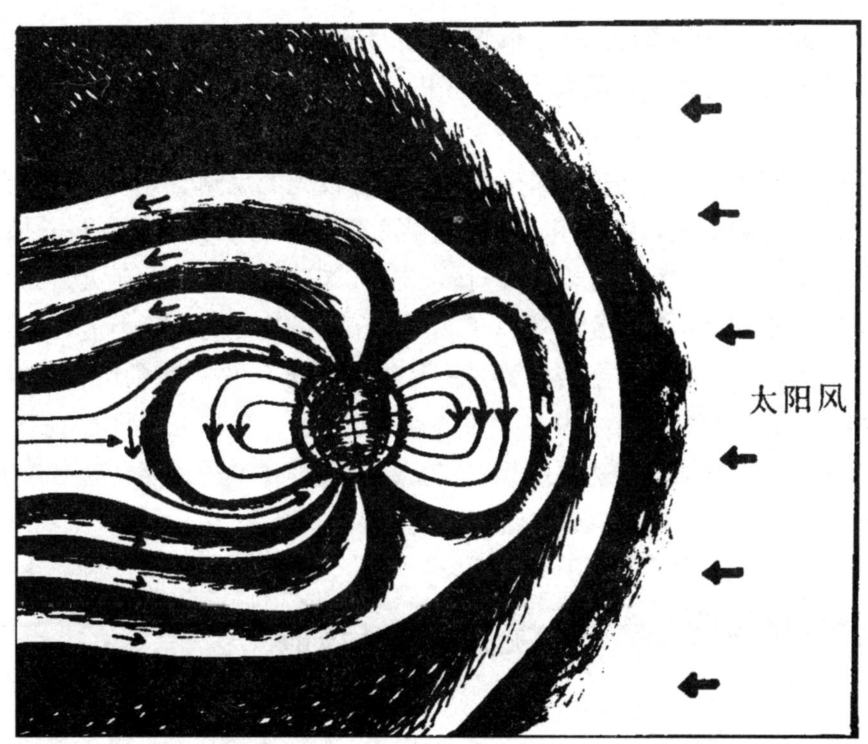

过星际空间和电离层所受到的各种力的影响，从而探索日地关系中一些至关重要的理论问题。

显然，极光在科学家的眼里并不在于它那富有诗意的七彩光带，在南极各国科学考察站，科学家调动了当代最先进的技术手段，包括发射火箭、卫星等来观测极光，目的是通过极光了解太阳活动的规律以及太阳活动对地球的影响。

极光的研究除了具有重大的科学意义，对于人类也有明显的实用价值。现已发现，当南极出现强极光活动时，全球的无线电通讯和雷达会受到强烈干扰，甚至突然中断。可以想象，一旦全球无线电通讯全部中断，雷达显示出现干扰，那么会出现什么样的情况呢？那就是社会陷于混乱，飞机将迷失方向，船只也会失事，许多电话、电报、电传都要中断。

此外，科学家还发现，极光的放电现象还会向飞往极区的人造卫星发出虚假的指令，造成人造卫星的毁坏。伴随极光活动的强电磁扰动，还将影响地面的输电线路。

正因为如此，南极的科学家十分重视极光的观测研究。像日本在南极的昭和基地，建造了火箭发射装置，包括一个火箭发动机仓库、雷达遥测室、直径为 8 米的发射转台及火箭装配车间。发射火箭的主要目的是测量伴随极光的等离子区的粒子、电磁场特性，火箭可发射到极光区。美国不惜耗费巨资，在赛普站架设了 22 千米的巨大天线，目的也在于捕捉来自宇宙空间的信息。通过极光的研究，将有助于无线电通讯、导航、雷达定位、卫星遥感测量等技术的发展，这对于空间技术、国防、经济建设，将有直接的影响。

6. 天外来客的福地

夏天的夜晚，天幕高远，繁星点点，当人们户外乘凉时，仰望夜空，不时会发现一颗划破夜幕的流星，拖着长长的光带，一闪而过，转瞬之间便消失得无影无踪。这时，人们——尤其是好奇心甚重的孩子——常常会情不自禁地关心那颗流星的命运，它会落到哪里去呢？

流星，是来自宇宙的天外来客，当它们进入大气层时，由于空气的阻力而摩擦发热，继而燃烧起来，发出强烈的光芒，这就是流星。有的流星个体较小，在大气层中燃烧殆尽，也就不复存在。但有的流星个体较大，虽经燃烧仍然掉在地球上的某个地方，一旦被人们发现，被称为陨石。

由于陨石是出自地球之外的天外来客，而目前人类还难以到达宇宙空间的其他星球，因此陨石就成为天文学家的宝贝，它对于研究宇宙的物质成分、太阳系的演化规律以及生命的起源，都可以提供非常

重要的信息。

令人感兴趣的是，南极是陨石极为丰富的地区，似乎天外来客也特别钟爱这块冰雪大地。

在南极发现陨石，最初是偶然拣到的。

1912年，澳大利亚科学家第一次发现陨石。过了差不多半个世纪，在1969年至1970年的野外工作季节，日本科学家在蓝色的冰川上首次发现9块陨石。随后就像海边拾贝一样，人们在南极陆续找到越来越多的陨石，1973年至1974年夏季发现了12块，1974年至1975年猛增，发现了663块，1975年至1976年又发现307块。1977年的收获最为可观，美国和日本的科学家在南极的干谷地区发现了一块重达408千克的大陨石。要知道，美国耗资500亿美元，历时8年的阿波罗登月计划，把宇航员送上月球，也只采集300多千克的月球岩石样品，而且全部都是月球正面的岩石。南极这一块陨石就有408千克，足见是多么珍贵。

到1989年，人们已在南极找到11000多块陨石，数量达到全世界其他地区发现陨石总数的1.5倍，占全世界可用于研究的陨石的50%以上。由于南极大陆许多地区至今还没有人涉足，更谈不上深入考察，因此可以预料，在南极发现陨石的机会还很多。

在南极发现的陨石不仅数量多，而且还有其他大陆发现的陨石无法比拟的特点。

一个特点是陨石在南极保存完好。从高空坠落的天外来客一降落南极，立即埋在洁净的冰层，然后冷藏起来，既不会和地球上的岩石相混杂，也不会污染氧化，可以长久地保持其本来面目。这一点对于科学研究至关重要。

美国科学家最近宣布，他们在两块稀有的南极陨石中发现了生命的化学先兆，经鉴定，陨石中含有非生物来源的氨基酸。这两块含炭球粒状的陨石年龄同太阳系相同，有46亿年。这一发现进一步证实，地球上的生命，最初是在海洋中通过一种化学反应开始的。

这两块陨石，据研究是来自火星和木星之间的小行星带。由于严密地埋在冰层中，没有受到外界环境的污染，所以它们保存了原始形态，尤其珍贵。

南极陨石的另一个特征是类型多，不仅有来自月球正面的陨石，还有来自月球背面的陨石，以及来自遥远的火星的陨石。到1989年为止，已发现8块能说明月球成因的月球陨石，有2块能说明火星发展历史的火星陨石。这在地球其他地区都没有发现过。

另外，南极陨石降落到地球表面后保存的时间（即陨石的地球年龄），比起其他地区发现的陨石要长得多。这个道理很明了，因为南极的寒冷和冰雪的覆盖，避免了陨石的风化。在南极发现的陨石，地球年龄可达95万年，有的高达500万年，也即是说，这些天外来客早在500万年前就来到南极定居了。但是在地球其他地区，陨石的地球年龄通常只有几千年。

由于小小的陨石如同外星球发射的空间探测器，它不仅透露了宇宙的物质构成、太阳系早期的历史，人们从陨石表面遭受太阳风和宇宙射线碰撞留下的痕迹，可以获得许多有关宇宙空间的宝贵信息。

那么，也许你会觉得奇怪，天外来客为什么喜欢跑到南极大陆安家落户呢？其实，这和极光一样，归根结底仍然是地球磁极的吸引。

小小的陨石，目前也引起冰川学家的兴趣。因为根据陨石坠落冰层的时间，可以推算南极冰盖形成的年代，它的运动速度和演化规律。而南极冰盖的历史和今后发展趋势，是和人类息息相关的。

这块陨石的地球年龄

已经有500万年了！

7. 难以开采的矿藏

在许多人眼里，南极洲是个毫无价值的不毛之地。我见过一些朋友，他们觉得十分奇怪，既然南极那么寒冷可怕，人们干嘛要到那里建科学站，吃那么大的苦呢。

其实，南极洲并不贫乏，绝不是毫无价值的荒原，它是富有的沃土，资源的宝库，就像一个身穿破衣烂衫的百万富翁，积攒了令人吃惊的财富，却一直鲜为人知。

1972年至1973年南极之夏，美国的调查船格拉玛挑战者号在南极大陆周围打了28眼钻孔，其中4眼钻孔打在罗斯海约600米深的地层。科学家惊喜地发现，有3眼钻孔打出了甲烷、乙烷和乙烯等碳氢化合物，由于碳氢化合物是和石油伴生的，所以他们认为这一地区可能蕴藏大量的石油资源。据美国地质调查局一份秘密报告透露，南极的罗斯海、威德尔海和别林斯高晋海估计储存45亿桶石油和115兆立方英尺天然气。而美国另一份文件指出，南极大陆架储存的石油可能有几百亿桶。

关于南极海底石油资源的前景，有人乐观地指出，在全球出现石油危机的今天，南极可能会存在一个石油资源十分丰富的“中东”——你们一定知道，沙特阿拉伯、伊拉克、科威特等国所在的中东地区，是世界上石油资源最丰富的地方。

实际上，南极大陆和附近的大陆架，经过地质学家长期的勘探调查，陆续发现了许多储量丰富的矿产资源。在这方面，大陆飘移学说的地质理论为南极的地质调查提供了科学的武器，它像一把金钥匙，打开了冰雪覆盖的地下宝库的大门。

众所周知，南美洲的安第斯山有丰富的金属矿产，铜矿带从智利、

秘鲁一直延伸到北美西部。根据大陆飘移学说与板块学说的理论，地质学家发现南极半岛与安第斯山有惊人的相似之处，由此推断这条成矿带很可能延伸到南极半岛。

1977 年，理论的预见得到印证。地质学家在南极半岛及周围岛屿发现了铜矿，还在南极大陆多处发现了孔雀石。南极半岛还发现了金、银、钼矿的矿苗。斯唐宁顿岛的英国基地附近，发现的与黄铁矿伴生的金银矿，与中央安第斯山的矿床相似。

曾经，苏联的科学家对威德尔海边缘至沙克尔顿山脉、彭萨科拉山脉和埃尔斯沃思山脉一带的地质构造极感兴趣。苏联的友谊站一直把这一带矿产资源调查作为考察的重点。美国及其他国的科学家也在这里调查。他们为什么对这个地区如此感兴趣呢？因为根据大陆飘移学说，这一带的地质情况与南非第一流的矿产如金、金刚石的矿区非常相似。

查尔斯王子山脉南部的鲁克山，20世纪 60 年代以来引起了各国地质学家的注目。1966 年，美国地质学家在鲁克山以北发现了 70 米厚、延伸 200 多千米的带状磁铁矿，品位极高，有人估计，单是这一座“铁山”足够全世界开采 200 年。其实，这里的铁矿远远不止这些，后来美国人用航空磁测在鲁克山以西又发现两条巨大的铁矿带，澳大利亚地质学家在恩德比地也发现带状铁矿。

南极的煤田也很多，有的直接露出地表，据说在澳大利亚、新西兰和挪威等科学考察基地都有所发现，有的考察队甚至用当地的煤块作为燃料。在南极大陆横贯山脉沿罗斯海岸一段，西南极的埃尔斯沃思山，以及查尔斯王子山都有储量丰富的大煤田。有些想象力丰富的人预言，也许有一天这里将会出现超级钢铁联合企业。

到目前为止，人们在南极大陆发现的矿产中，金、银、铁、煤、铜、铝、铝、锡、镍、锰、锑、铂以及铀、钴等储量都相当可观，由于南极大陆绝大部分被冰雪覆盖，露出岩石的地区仅有 3%左右，即使是这些地区，有些地方至今地质学家尚未涉足，因此可以预料，南极矿产资源的前景是相当诱人的。

另外，浩瀚的南大洋也蕴藏了丰富的矿产。20世纪70年代初，美国的调查船在南纬60度附近宽约500千米的洋底发现大量锰结核，其中含有人们感兴趣的铜、镍、钴等金属。而且这种锰结核生长迅速，每年可长6厘米左右，只要合理开采，将会永不枯竭。

南极的矿产资源非常丰富，这是肯定无疑的，但是要开采它，却不那么简单。这固然是因为南极的自然条件相当恶劣，人类目前的技术水平和开矿设备还无法胜任南极的矿产开采，成本也相当高。不过这个问题并不是不能解决的，随着科学技术的进步，尤其是世界各地矿产资源的日益枯竭，南极的矿产开采总有一天会具有商业价值。

现在，全世界各国对南极矿产资源的开采与否，出现了截然相反的看法，并且成为历次南极条约协商国会议的重要议题。

因为南极的矿产资源给人类带来了希望，同时也带来了忧虑和不安。于是，一方面，有人津津乐道南极的资源时代已经到来，特别是一些石油公司、财团纷纷提出到南极进行勘探的申请；另一方面，许多科学家和国际组织强烈呼吁，要保护南极环境，禁止任何矿产资源的开采，甚至要求宣布南极为世界公园。

人们不会忘记，矿山的开采虽然使地球上许多国家经济飞速发展，但也使文明世界付出沉痛的代价：森林的消失，百孔千疮的山岭，堆积如山的矿尾，污染的河流和死亡的湖泊，以及无法驱散的烟尘……人们担心，如果在南极开采石油和其他矿产，很难避免不会破坏南极的生态环境。有的科学家警告说，倘若在南极海域开采石油，一旦发生井喷，或者储油罐破裂——这在风大、寒冷的南极是极易发生的——那将给南极海洋的生物带来可怕的灾难。油船的漏油事故的危害性更为严重，一艘50万吨级的油轮如果全部漏出，污染海面，将使南极磷虾和其他海洋生物陷入灭顶之灾。

此外，在南极大陆上开采矿产，不仅污染空气，加速冰层融化，使南极洁净的白色世界蒙受污染，而且南极冰原极其脆弱的生态系统也将遭到难以恢复的破坏。科学家预言，如果南极的白色世界一旦遭到人为的破坏，其影响将是全球性的。然而谁能保证开发南极的矿产，不会破坏南极的自然环境，从而导致冰层的融化呢？

所以，人类必须用理智来对待南极矿产资源的诱惑，不能为了一己私利而不顾全人类的长远利益。目前，至少在一个相当长的时期内，人类只能暂缓开发南极的矿产资源，这是唯一正确的抉择。

正是出于这种考虑，南极地区丰富的地下矿产资源只可供科学家研究，而不允许任何国家去开采。这就是目前国际上一致公认的结论。

第四章　冰天雪地的居民

45亿年高龄的地球，它最辉煌的业绩莫过于创造了从细菌到大象，从用电子显微镜才能看见的微生物到顶天立地的美国红杉，以及包括人类在内的千姿百态的生物世界。

生命是地球的奇迹，而南极的生命更是地球的骄傲。

我们这个星球上的所有大陆，除了南极大陆以外，很早以前就有人类定居。人类学家在非洲的草原发现了200万年前的人类远祖的头盖骨。在古老的亚洲、欧洲和美洲，甚至在许多孤悬大洋的小岛上，人类在历史的大舞台演出了气势雄伟的英雄史诗，创造了各领风骚的文明业绩。可是，直到今天，南极洲仍然是没有常住居民的荒凉大陆，只有那些不畏寒冷和暴风雪的科学家和后勤人员，像候鸟一样定期来这里工作，即使是一年气候最好的夏季，1400万平方千米的南极洲也只有2000人左右，而到了严酷的冬天，越冬的考察人员总共不超过1000人。

和地球上其他大陆相比，生活在南极冰天雪地的居民——动物和植物，种类也极其有限。严酷的环境，恶劣的气候，使得能够在这里生存的弱小生命必须具备高超的耐寒能力和特殊的求生本领，否则它们就会被严寒扼杀，被暴风雪吞没。大自然就是这样残酷无情。

也许正是这样，当人们在白茫茫寒凝大地的冰原看见不畏风雪的企鹅，在风刀霜剑常相侵的荒原发现萌生在岩石上的一簇簇地衣，或者在冰冻的湖泊找到一个个微小的藻类，以及在浮冰漂泊的南大洋嬉戏的海豹、鲸及其他海洋生物，人们不由地从内心深处对南极的生命产生崇高的敬意，它们是顽强的象征，是大自然的奇迹，对于生物学家来说，它们更是值得深入探索的研究对象。

1. 不会飞的鸟儿

如果在南极洲举办运动会，那么选择什么动物作为运动会的吉祥物呢?

我相信，十有八九的小朋友都会举双手赞成，企鹅是最理想的吉祥物。

的确，一提起南极，人们首先想到的是可爱的企鹅，它那白色的前胸，黑色的背部羽毛，加上全身直立，摇摇摆摆的模样，和身穿黑色燕尾服、白衬衣的绅士几乎没有区别。而且最有趣的是，企鹅一点儿也不怕人，我在南极生活的日子，不止一次看到成群结队的企鹅大模大样地跑到我国的科学考察站，东瞧瞧，西看看，像是专程前来参观的贵宾。你跑到它们跟前，它们也不惊慌，反而停下脚步，歪着脑袋目不转睛地注视着你，仿佛是问："喂，你是谁？跑到南极来干嘛？"

企鹅是南极的象征，也是这个冰雪王国的宠儿。全世界约有20种企鹅，绝大部分居住在南极洲，但是在非洲南端、南美和大洋洲的某些岛屿，也有企鹅的踪迹。

南极洲有7种企鹅，其中身躯最大的是帝企鹅，堪称世界企鹅之王，它高90厘米以上，体重约40千克，脖子下面有一片橙黄色的羽毛，异常醒目。另外，占南极企鹅数量最多的是阿德利企鹅。阿德利企鹅身高略超帝企鹅的一半，仅有46～75厘米，体重才4.5千克，它的外貌也很特别，眼圈为白色，头部呈蓝绿色，嘴巴和爪子均为黑色，嘴角长有细长的羽毛。南极洲现有5000万只阿德利企鹅。

数量仅次于阿德利企鹅的帽带企鹅，大小和阿德利企鹅相近，最明显的特征是脖子底下有一道黑色羽毛，像是一条帽带。在中国南极长城站附近的企鹅岛上，栖息着数以千计的帽带企鹅，苏联人戏称它是"警官企鹅"。

除此之外，南极洲还有巴布亚企鹅（又称金图企鹅）、王企鹅、喜石企鹅、浮华企鹅等。

企鹅背披黑色羽毛，腹部为白色羽毛，身体呈流线形，它虽然有翅膀，却不会像别的南极鸟类那样自由自在地在空中飞翔，这是因为它的翅膀已经退化，变成了像鳍一样的形状，企鹅就是靠这一对完全退化的翅膀在海里游泳的，它的翅膀变成了划水的双桨。

凡是到过南极的人都会惊异地发现，企鹅在岩石上行走，或者在海边漫步，走起路来摇摇晃晃，显得有些笨拙，但是一旦跳入海中，企鹅却是游泳的能手。我在南大洋考察的日子，经常看见成群结队的企鹅在波浪中出没，它们像是跳集体舞一样，非常整齐地跃出水面，然后又潜入水中，隔不多久，又从前方的波涛中跳出，节奏感很强，仿佛是在表演精彩的水上芭蕾。据科学家相告，企鹅的游泳速度每小时可达 20～30 千米，和现代化的轮船速度不相上下。

企鹅还是跳高能手。我曾好几次见到企鹅跳上陡峭的冰崖和海中飘浮的冰山。那些在海中游泳的企鹅常常借助波浪涌起的推力或者潮水的涨落，用它那有力的尾部作支撑，迅速跃上2米多的冰崖。而且企鹅的毅力非常顽强，锲而不舍，有时因没有掌握好波浪或潮水的时机，跳高失败，它们也不气馁，仍然一次又一次重复，直到成功。

一次，在南设得兰群岛南部海域航行时，我见到一座不大的冰山顶端有一群黑鸦鸦的企鹅，还有些企鹅正在奋力跳上滑溜溜的冰陡坎，这时冰山周围的海上出现几只海豹，原来这些企鹅是为了躲避海豹的袭击跳上冰崖的。企鹅们跳上冰山后，海豹也就无计可施，只得怏怏而去。如果没有跳跃的本领，企鹅肯定会变成海豹的盘中餐了。

企鹅还是滑冰的能手。由于企鹅的双足在冰上行走比较吃力，有时它们借助风力，在冰面上滑行一段距离，颇像一个滑冰运动员。不过企鹅在滑冰时主要依靠两个翅膀，腹部贴着冰面，双翅像桨一样迅速划动，动作很像我国北方的儿童冬季玩耍的冰爬犁。在南极大陆越冬的考察队员，有机会看到这样有趣的场面：在南极黑暗的冬季终于过去，温暖的夏季即将来临之际，企鹅便成群结队从远方奔向它们世世代代栖息的陆地，为了占领地盘，企鹅们把肚皮贴着光溜溜的冰面，双鳍像桨一样飞快拨动，速度比冰上摩托还快，那争先恐后、你追我赶的劲头，绝不亚于奥运会的滑冰竞赛。

不过，话说回来，企鹅虽然会游泳，会跳高，会滑冰，但作为一种鸟类，它们毕竟失去了自由翱翔的飞行技能，这就极大地限制了它们的活动范围，也使得它们容易遭到其他动物的伤害，这不能不说是企鹅的不幸。

你也许会产生疑问：企鹅的祖先会不会飞翔呢？这个问题同样也是研究企鹅的生物学家深感兴趣的。在南极的地层里，古生物学家发现了类似企鹅的动物化石，这种类似企鹅的鸟类，据研究，具有两栖类动物的某些特征，它高1米左右，体重约9千克，也许它就是企鹅的祖先。

不过，企鹅最初是从哪里来的？在进化过程中它是如何逐渐演化的？有关企鹅的所有起源问题，目前还没有得出令人满意的答案。

这仍然是一个有待探索的科学之谜。

2. 风雪之夜诞生的小生命

生命的诞生，从来都是生物世界的一件大事。

地球上的众多鸟类，总是选择气候宜人、食物充裕的季节，在最安全的地方营建巢穴，为雌鸟下蛋作好准备。在春天的树林里，人们不难发现许多鸟儿飞来飞去，忙个不停。在乡村的屋檐下，燕子衔泥筑巢穴的情景，也使人深受感动。因为这一切都在表明，鸟类为了新的生命的降临，是多么不辞劳苦，又多么郑重其事。

但是，对于生活在冰天雪地的企鹅来说，小企鹅的诞生不啻于一次生与死的考验。这里的环境太严酷，太荒凉了，没有办法找到一块可以聊避风雪的温暖地方，也没有任何植物的枯枝落叶可供建造巢穴之用，企鹅们要繁殖后代，需要经受难以想象的磨难；寒冷、暴风雪，还有饥饿的煎熬和体力上的折磨，似乎没有痛苦就不能换来天伦之乐的幸福。

别的鸟儿大都选择一年中最好的季节繁殖后代，而企鹅偏偏是在南极气候最恶劣的冬季下蛋孵雏。我们知道，南极的冬季是漫漫的长夜，好几个月甚至半年见不到太阳，黑暗笼罩冰原，只有五彩缤纷的南极极光不时在夜空中闪烁着奇异的光彩——企鹅就是在黑暗的世界生下它们的“婴儿”的。

以南极最漂亮的帝企鹅来说吧。

每年的 3 月，南极的冬天开始来临时，帝企鹅们纷纷从海上回到它们的栖息地。帝企鹅和别的企鹅一样性喜群居，有的帝企鹅一群就有5万多只，无异于一个嘈杂热闹的市镇。科学家发现，企鹅具有眷恋故乡的习性，尽管在南极的夏季它们大部分时间在海上生活、捕食、嬉戏，一旦进入初冬，它们成群结队登上岸来，然后拖着蹒跚的步伐，向着茫茫冰原开始远征，不管离开家乡有多远，它们都会回到原先的栖息地。

雌企鹅怀卵2个月左右，到4～5月份开始生蛋，这时正是严寒的冬季。帝企鹅每次只生一个蛋，由于雌企鹅在下蛋前后一个来月没有进食，体力消耗很大，所以生下小宝宝之后，雌企鹅便把孵蛋的任务交给了雄企鹅。

天寒地冻的南极冬天，生活在冰原上的帝企鹅怎样才能保证企鹅蛋不会活活冻死呢？

雄企鹅称得上是世界上最尽职的爸爸，为了小企鹅安全诞生，它们在孵蛋时往往排成一排，背对着狂风袭来的方向，形成一堵用身体筑成的挡风墙。这还不算，雄企鹅必须想出办法不让它的小宝贝冻死，因为把小企鹅从蛋里孵化出来可不是一二天的事，而是需要花费两个月的时间。可是，有什么办法才能保证小生命的绝对安全呢？要知道，在南极奇寒的天气里，哪怕只是几分钟，放在露天环境里的企鹅蛋就会冻坏的。

脚下是坚实的冰层，雄企鹅究竟把企鹅蛋放在哪里孵化呢？

有了，你瞧，雄企鹅一个个双脚并拢，笔直地站立着，然后用嘴巴拨弄着足有半公斤重的企鹅蛋，小心谨慎地将它放在自己的脚背上。好了，企鹅蛋不会直接接触寒冷的冰面了。这时，雄企鹅用尾部支撑着身体，全身保持平衡，等企鹅蛋稳当地停在脚背上之后，挺胸收腹，从自己的腹部放下一块长长的软肚皮，像包裹襁褓中的婴儿，将它的小宝贝严严实实地盖住。这样一来，企鹅蛋再也不会受冻，它在雄企鹅温暖的怀抱中安眠了。

但是，雄企鹅再也不能移动一步，它像被钉子钉在冰面上，只能弯着脖子，低着头，守护着放在脚背上的小生命。不管暴风雪多么凶猛，不管狂风如何呼啸，那怕山崩地裂，它都不能动弹。

这时候，正值冬季最寒冷的日子，气温降到零下 50 度以下，风力常常在每秒 40 米以上，超过了我们熟悉的热带风暴（俗称台风）的风速，而且南极的漫长极夜更增加了环境的恐怖，企鹅们佝偻的身躯抗拒着咆哮的狂风，满天飞雪打得它们睁不开眼睛，甚至它们那黑色燕尾服般的羽毛也沾着厚厚的雪，有时大雪差不多将它们掩埋起来，但是，它们毫不畏惧，不吃不喝，一动不动，全神贯注照顾着腹下的小生命，用令人难以置信的耐性静候着小企鹅的诞生。

世界上再也找不到比帝企鹅更具有“父爱”的动物了，整整 60 天，雄企鹅尽心尽力地孵蛋，用它们全部的爱心，也用它们自身的生命为代价。据科学家观察研究，在两个来月的孵蛋过程中，雄企鹅完全靠消耗身体内的

脂肪提供热量，以致体重减少了一半。

不仅如此，当毛茸茸的小企鹅破壳而出时，雄企鹅还要精心护理这羸弱的小生命，一直要等到雌企鹅回来“换班”。只有当雌企鹅回到身边，饿了3个月的雄企鹅才能放心地奔向大海，去美美地饱餐一顿。

你也许会感到奇怪，企鹅为什么偏偏要在气候恶劣的冬季孵蛋呢，这不是自讨苦吃吗？实际上，企鹅选择南极的冬季繁殖后代，也是在长期的进化过程中自然选择的结果。因为企鹅的自卫能力很弱，很容易遭到其他动物的伤害。为了避开天敌的侵袭，躲开海豹和其他鸟兽，它们只好选择最寒冷、最黑暗的冬天去繁殖后代。

这是多么聪明而且勇敢的选择啊！

3. 深潜纪录的冠军——威德尔海豹

在南大洋的辽阔海面，如果众多的海洋生物要进行潜水比赛的话，威德尔海豹肯定可以夺得深潜冠军。尽管南极的海豹有5种，即锯齿海豹、象海豹、豹型海豹、威德尔海豹、罗斯海豹，它们都善于潜水，可是潜水能力最强的要数威德尔海豹。

威德尔海豹栖息在南大洋的冰区和冰缘地带，它和象海豹不同的是，象海豹都是雄性大于雌性，而威德尔海豹恰好相反，雌性要大于雄性，它体长3米左右，重300多千克，比起个头最大的象海豹那就小多了，因为一头成年的象海豹有2～3吨重，体长4～6米。威德尔海豹背部呈深黑色，其余部分为浅灰色，身体两侧有白斑。在南极考察的科学家时常发现，雌性海豹对它的幼仔非常钟爱，一遇到危险或者觉察到情况不妙，急忙用嘴叼着小海豹慌忙逃走。

威德尔海豹常年生活在海冰飘浮的海区，南极的海冰厚薄不一，有的地方常年封冻，冰层厚达几米，但威德尔海豹是打洞的能手，它

们用锋利的牙齿大口大口地啃着坚冰，硬是啃出一个个冰洞，于是它们那光溜溜的身躯钻出冰洞，可以自由地呼吸空气，也能够方便灵活地从冰冻的海上出出进进了。

在寒冷的冬天，威德尔海豹喜欢躲在冰下黑暗的海洋里，而且它还是个离群索居的孤独者，总喜欢独往独来，不像有的海豹喜欢群居。不过，为了换气，威德尔海豹需要不时地钻出冰洞。由于冰洞常常冻住，威德尔海豹还得常常打洞，这项劳动往往花费了它巨大的精力。

在冰层底下的海洋里，威德尔海豹可以生活 1 小时之久，它可以轻巧地潜入 180～360 米深，最深可达 600 米，这个深潜纪录连鲸鱼也无法做到，鲸鱼只能深入 200～300 米深的海洋深处，但是鲸鱼潜入海中的时间可达 2 个小时，这一点要比威德尔海豹强。

威德尔海豹潜入海洋深处是为了捕食，它喜欢的食物以鱼类、乌贼和磷虾为主。

你也许听说过，人类为了征服海洋，很早就开始了潜水作业。像我国古代的劳动人民，为了采集海底的珍珠，常常潜入很深的海底，古书上称潜水采珠人为“鲛人”，意思就是他们像鲨鱼一样能够自由自在地潜入海洋深处。

不过，人类在没有先进的潜水装备的情况下，赤身裸体地潜入海中，下潜的深度和在水下停留的时间都非常有限。即使是今天，穿上潜水服，装上电子肺的潜水员，对他们的身体无损害的安全潜水深度一般公认是水下60～70米，超过了这个深度就会有生命危险。这是因为海水越深，压力越大，要克服海水压力的障碍，必须配备特制的装甲潜水服或者更先进的深潜球了。

可是，威德尔海豹既不要穿什么潜水服，也不要装配电子肺，却能轻巧自如地下潜到水下600米深的海洋深处，这不仅引起人类的羡慕，而且科学家也对此发生了浓厚兴趣：威德尔海豹为什么具有如此高超的潜水本领呢?

科学家在实验室里进行模拟研究发现，威德尔海豹的生理功能也能够随着潜水而发生急剧变化，而这种变化使它克服了潜水时发生的各种障碍——这点，恰恰是人类自身无法做到的。

首先，威德尔海豹的心律显著变慢，由每分钟跳100～150次下降到10次，心脏的血流量也从每分钟40升降到6升，这样一来，氧气的消耗量就大大降低，据实验计算，威德尔海豹最低的耗氧量，有时仅是平时耗氧量的$\frac{1}{50}$。

不仅如此，威德尔海豹在潜水时大脑对氧的消耗量也明显降低，即是说，它的大脑能够很节省地消耗血液中的氧（即血氧），在下潜

70分钟时仅用去血氧的3%～4%，而在同样的时间内，人的大脑却要用去血氧的 90%，所以威德尔海豹很适合潜水。

除此之外，科学家还发现，威德尔海豹和所有善于潜水的海豹一样，对二氧化碳有较强的忍受能力。一旦空气中的二氧化碳含量达到5%，人类和其他陆生动物呼吸频率就会急剧增加到平时的 5 倍；即使空气中的二氧化碳含量高达 10%，威德尔海豹呼吸仍然正常。

威德尔海豹的深潜之谜，还有待于进一步揭开，但从已经发现的特殊生理现象来看，威德尔海豹不愧是天生的潜水专家。也许，人类有一天可以借助它的潜水本领，去征服深深的海洋呢。

4. 南极鱼抗冻的秘密

在南极洲的海里钓鱼，可有意思呢!

1990年，我随中国第7次南极考察队去乔治五岛的中国长城站，在那迷人的冰雪世界过了一个短暂的夏天。这是我第二次去南极，旧地重游，百感交集，最忘不了在海里钓鱼的情景。

南极科学站的生活是挺单调的。频繁而至的暴风雪一刮就是几天几夜，这时候队员根本不能外出。风雪弥漫的日子，从站区的宿舍楼到另外的房屋去，也得小心翼翼，有时得拉着绳索摸索而行，否则就有性命之虞。虽说是南极的夏天悄然而至，但山岭海滩堆满了厚厚的冰雪，长城站的几栋孤零零的房屋雪掩门窗，到处是一片银色世界。

不过，封冻了一个冬天的海湾却悄悄地化冻了，不知不觉间，那堆在海湾外面的犬牙交错的冰山随风而去，不辞而别。长城站面对的海湾露出了蓝色的波浪，只是碎玻璃似的浮冰依然在漂泊，但已经成不了气候了。

这时候，只要风雪消停，憋闷了一个漫长冬天的考察队员们便迫不及待地奔向积雪残存的海滩，找一处乱石成堆的海岸，穿上厚厚的南极服，脚上套上胶皮雨靴，就可以做一回南极渔翁的美梦了。

在南极钓鱼，工具是极其原始的，因为谁也没有现代化的渔竿，想买也无处可买，一切只有靠队员们的心灵手巧了。最要紧的是做鱼钩，在长城站金工车间，只要找几根结实的铜丝，用锉刀将顶端磨砺锋利，鱼钩就大功告成。鱼线比较容易，找一根很长很长的尼龙绳就可以对付，绳子越长越好。因为海湾里的水很深，南极鱼都是底栖的。至于鱼饵，在长城站的厨房里不难找到，无人问津的肥肉弄上几块就可以，因为饥肠辘辘的南极鱼是饥不择食的。

我来到静静的海边，将挂上肥肉的绳子抛向浮冰飘浮的海里，便悠然地坐在冰凉冰凉的石头上，像姜太公一样等候“愿者上钩”的鱼儿了。据站上的生物学家讲，南极周围海洋的鱼类有 5 大类近 20 种，其中具有经济价值的是南极鰧鱼、鳐鱼、鳕鱼、无须鳕和冰鱼。南极鱼类个头比较小，而且都喜欢栖息在深水层里，这大约是由于水温低的缘故。

尽管我对钓鱼是门外汉，可是我的运气并不坏，鱼儿频频上钩，伴随着阵阵惊喜。一会儿功夫，脚边的雪地上已有好几条贪食的猎物。它们扑腾几下，便不再动弹，因为天气寒冷，它们一出水就冻僵了。后来我得知南极鱼类之所以容易上钩，是因为海湾里缺少饵料，尤其是冬季漫长，海湾封冻，它们恐怕早就饿坏了，所以才饥不择食，并不是我的钓鱼技术多么高明。

我钓上的南极鱼都是同类，这种鱼头大呈三角形，背乌黑且与褐色相间，鳍尾均有褐色条纹，极似淡水鲶鱼，腹部白色，体长20～25 厘米，煮食肉质粗，鱼汤尚鲜无异味，但由于长城站没有鱼类专家，谁也无法确定这种鱼的学名，只是笼统称为底栖鱼。我看其他幸运渔夫的收获，他们的猎物也都是这种鱼，似乎海湾里的南极鱼种类并不多。

在南极钓鱼，仅是一种消遣，目的不在于收获的鱼大小。但是对于生物学家来说，南极鱼的生态习性却是他们感兴趣的研究课题。这里面学问大得很。

据南极鱼类专家研究，多数南极鱼的血液不是红色的，而是呈灰白色，这是由于没有血红蛋白。有趣的是，鱼类学家研究了南极鳕鱼，发现它们在南大洋分布范围很广，甚至在南纬82度的寒冷海洋中也有它们的踪迹。

南极鳕鱼有抗冻的本事。一般的鱼类，海水温度达到－1℃，它们就冻僵了，失去了生存能力。可是南极鳕鱼不然，海水温度下降至－1.87℃，它们仍然若无其事地嬉游，似乎天生具备抗寒冷的本领。

秘密何在？经过鱼类学家研究，原因还在南极鳕鱼的血液中。它们的血液里面有一种特殊的生物化学物质，即抗冻蛋白，它能够降低水的冰点，缓解体液的冻结。南极鳕鱼有了这种特殊机能，因而表现出非同一般的抗低温能力。

南极鳕鱼的抗冻蛋白给予人们很大的启示，能不能进一步解开抗冻蛋白的分子结构，进而人工合成抗冻蛋白呢？这是科学家们一直在探索的课题。因为如果能够大量生产抗冻蛋白，那么对于食物保鲜、器官移植等低温技术，都是非常有用的——当然，这是另外一个高技术的课题了。

5. 紫外线的克星——冰藻

20世纪 80 年代，先是英国科学家发现，后来被美国“雨云 7 号”极轨卫星观测证实，在南极上空覆盖的臭氧层出现了一个空洞。

臭氧层是指高度在 20000～30000 米的高空、一个含有大量臭氧的薄层，它像一层地球的保护膜，能够吸收太阳光中对生物有害的紫外线，使我们人类和各种生物避免过多的紫外线的伤害。

这么重要的臭氧层遭到破坏，而且在南极上空出现臭氧空洞，会造成什么样的严重后果呢?

科学家警告，一旦臭氧层遭到破坏，紫外线的无形杀手就将乘虚而入，它不仅会损害人类的健康，增加皮肤癌等疾病的发病率，而且对农作物和其他动植物也将带来目前还无法预知的灾难。

据科学家观测的结果，南极上空的臭氧洞并不是我们想象中的一个小洞，而是形状会随着大气流动而变化的大洞，它的直径大小估计有4000～5000千米，足以覆盖整个南极大陆。

在南极洲生活过的人都有这样的体验：当你从世界其他地方来到南极的冰原海岛，没过多久，如果你照照镜子，就会惊讶地发现，你已经认不出自己的尊容了。你的脸色黝黑，鼻子尖晒得脱皮，简直和原来白净的你判若二人。

这并不奇怪，我也有过类似的经历。所以在南极野外工作时，有经验的人会提醒你，一定要在脸上涂上防晒霜，因为日光中的紫外线非常厉害，不仅将脸部和一切暴露在外的部分晒黑，还会灼伤皮肤，严重的还会出现水疱、红肿和表皮脱落。不过，有趣的是科学家不久前发现，南极洲有一种广泛存在的浮游植物不仅不怕紫外线的伤害，而且能够吸收紫外线，从而保护了其他的生物，它就是紫外线的克星——冰藻。

冰藻，顾名思义，是生活在海冰中的藻类，它们属于海洋浮游植物，是一个庞大的生物区系，目前从南极的海冰中分离出来的冰藻有90多种，其中最多的是硅藻。

早期的航海家、探险家都发现，南极洲周围的海冰中有一层棕色的东西，好像是冻结在海冰里面的泥沙。后来通过生物学家研究，海冰的有色层并不是泥沙，而是大量的海洋微型植物。澳大利亚海洋生物学家邦特和伍兹在1963年对这些海冰中的小生命进行了鉴定，终于揭开了它们的身世之谜，从此南极冰藻成为各国南极研究的热门课题。

因为，南极的海冰面积辽阔，冬天结冰的海域可达1000万～2000万平方千米，即使在夏季，海冰融化，海冰的面积也有300万～400万平方千米，再加上南极洲固定的冰区，数量更是惊人。

在所有海冰分布的地方，都有南极冰藻的存在，它们有的长在海冰的上层，更多的生长在海冰的底层，与海水直接接触。

也许，你会觉得纳闷，南极冰藻卷进海冰里，不就像进了冰箱活

活冻死了吗?

不，不会的。

原来，海冰里面有许多纵横交错、大小不同的孔隙，这是海水在结冰的过程中形成的，这些缝隙、孔眼、小洞，由于毛细管作用，充满了富含营养盐的海水和可溶性气体，这正是南极冰藻生存必需的条件。所以，南极冰藻一进入海冰，如鱼得水，反而生长得更加繁茂了。

南极冰藻虽然微小，但是数量相当惊人。有人测出一升海冰中最多含有3700个冰藻细胞，海冰中冰藻的生物量要比海水中的浮游植物生物量高得多，是10～20倍。

这个数字意味着什么呢?

我们知道，海洋中的生物之间形成“大鱼吃小鱼，小鱼吃虾子，虾子吃烂泥”的食物链关系，南极冰藻就是南极海洋食物链最初的一环，而且是至关重要的一环，它的数量多少及变化，直接影响其他海洋生物的生存。科学家发现，南极冰藻富集的海冰区，也往往是海洋浮游动物、鱼类和其他动物出没的地方。

1985 年 2 月，我在前往南极半岛的航行途中，当船只行进在南极半岛和帕尔默群岛之间的格洛克海峡时，我发现海水泛出浓绿色，像是长满青苔的池塘，向船上的生物学家询问，这是融化的海冰释放出大量的南极冰藻，在南极夏季大量繁殖造成的奇观，以致海水都变了颜色。于是，它招来磷虾等浮游动物，也随之招来捕食浮游动物的海鸟等动物，使南大洋充满了生机盎然的景象。

当然，值得注意的是，1989 年荷兰科学家首次发现了冰藻的特异功能，这就是冰藻能够吸收波长270纳米和330纳米的紫外线。这样一来，南极冰藻就像臭氧层的作用一样，使紫外线无法穿透海水，无法伤害冰下的海洋生物了。

南极冰藻的特异功能是生物界一大奇迹，进一步揭开它吸收紫外线而不致遭到伤害的奥秘，说不定会拯救全球的生物，包括我们人类在内。

6. 能贮存食物过冬的湖藻

南极洲的冬天是令人可怕的，不仅时间漫长，气候奇寒，而且给世界带来光明和温暖的太阳从地平线上消失了，有好几个月甚至半年（随着纬度的高低而不同）是漫漫的长夜，这就是南极洲的奇观——极夜。

俗话说得好，“万物生长靠太阳”，地球上的绿色植物是离不开太阳的光辉的，因为绿色植物的叶子中有一种制造食物的加工厂，叫叶绿素，叶绿素只有在阳光下才能进行光合使用，它吸收空气中的二氧化碳，和水一起发生化学反应，合成有机物，成为绿色植物生长不可缺少的养料。可想而知，如果没有阳光，叶绿素这个加工厂就失去了能源，绿色植物也就没有食物来源，它就会因饥饿而死亡了。

所以，荒凉的南极冰雪世界是绿色植物的禁区，这里没有任何阔叶树木，也没有地球上其他寒带地区常见的针叶树，仅在南极半岛北端和南大洋的一些岛屿，才生长三种小草。除了气候异常寒冷、干燥，漫长的黑夜也是限制绿色植物生存的原因之一。

但是，严酷的自然条件也锻炼了生物的适应能力，在长期的进化过程中，有极少数植物——它们都是低等植物，练就了能忍受漫长的极夜的本领。

科学家在南极洲的维多利亚地的米埃雷斯湖中发现了一种湖藻，这种藻类植物不仅在南极的夏季生长得很好，而且在黑暗的冬季也照样能够维持生命，并不会因失去了阳光而死亡。

湖藻有什么特殊功能，能够抗拒漫长的极夜的黑暗呢？这种现象引起生物学家的极大兴趣。

经过研究发现，湖藻像一些动物一样，能够贮备食物过冬。

在自然界，人们常常发现，有的动物在冬季到来之前，在它们的洞穴里贮藏了很多食物，一旦冰雪笼罩大地，再也无法寻找到新鲜的食物时，那些贮备的食物便可以供它们享用一个冬天。田鼠就是如此。

湖藻是用另外一种方式贮备过冬的食物的。

在南极的夏季，阳光普照大地，湖藻像勤劳的蜜蜂一样，充分利

用这个有利的时机，在阳光下进行光合作用，大量制造有机物，满足生长发育的需要。这还不算，它除了自身吸收养料外，还将多余的养料向湖水中分泌，就像一个人把多余的钱放在银行里储蓄起来。

冬天到来，太阳在天空消失，黑夜无情地吞噬了一切。这时湖中的湖藻也停止了光合作用，再也无法制造食物了。

不过，幸好湖藻在夏天贮备了过冬的食物——它像一个精打细算的家庭主妇，在食物充足的夏天，它没有大手大脚地花光所有的养料，而是把光合作用合成的有机物的20%～25%贮藏在湖水里，因此，在食物短缺、不见阳光的极夜，湖藻就靠湖水中贮存的有机物维持生命，安然地度过了严寒的冬天。

科学家们在南极洲的邦纳湖中也发现了这种不怕黑暗的湖藻。邦纳湖位于南纬77度45分，东经16度20分至16度30分，在这样高纬度地区，冬季的极夜时间更加漫长，湖藻的存在打破了绿色植物不能在黑暗中生活的禁忌。因此，如果人类能够进一步揭开湖藻生存的机制。用遗传工程的方法制造绿色植物的新种，说不定有一天会改变南极冰雪世界的面貌呢！

7. 会唱歌的鲸

1977年，美国向宇宙空间发射的旅行者1号和旅行者2号空间探测器，携带了地球上许多信息，除了人类的问候和音乐作品之外，还有35种自然界的音响，这其中就有一曲美妙动听的鲸的歌声。人们希望这些空间探测器能够在茫茫宇宙遇到外星人，以便建立我们这个星球与星外文明的联系。

鲸，这海洋中的庞然大物，难道会唱歌吗？回答是肯定的。

科学家发现，鲸在海中遨游时，不管是结伴而行，还是独自畅游，唱的曲调都是相同的，但它们各唱各的，节奏也不一样，而且它们似乎都是天才的作曲家，唱的歌曲逐年都有变化，不断翻新。

美国动物学家罗杰·佩思夫妇用了20年研究发现，在所有的鲸类中，座头鲸所唱的歌是自然界音调最洪亮、也最冗长最缓慢的歌。他们在海洋中用一种水听器直接记录鲸在水中的声音，然后用计算机加以分析比较得出上述结论的。

有着音乐天赋的鲸，每当南大洋的冰层开始解冻，温暖的夏天降临南极时，它们便从温带海洋纷纷启程南下，从四面八方云集南极海域。据统计，全世界鲸的产量70％来自南大洋，这是由于南极周围海域有丰富的磷虾资源，而磷虾又是鲸最爱吃的食物。

1984年，我从南美洲南端的火地岛，乘船穿过德雷克海峡，向南极洲挺进时，正值南半球的夏季来临之际，只见波平如镜的海面上，躯体庞大的鲸如同浮出水面的潜艇，欢快地跃动，时而可以看见喷泉似的水柱，从海水中喷射出来，时而露出它那灰黑色的背鳍。它们和我们的观察船若即若离，但始终不离前后，似乎是护卫我们的船只一样。就是这次，我亲眼目睹了鲸那非同寻常的躯体，它可算得上动物世界的巨人了。

鲸中最大的是蓝鲸，长33米，体重150吨，相当于20～30只大

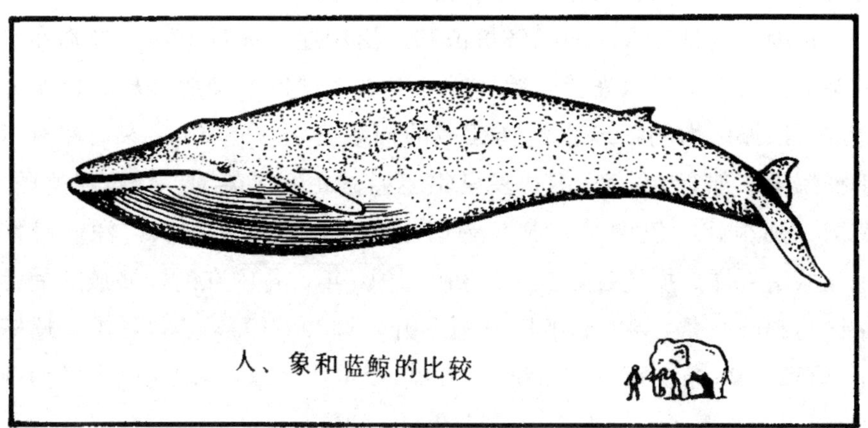

人、象和蓝鲸的比较

象或者200～300头公牛，4只恐龙或1600个人的重量。一条鲸舌重3吨，肝脏和肾脏各重1吨，心脏有600～700千克，从它身上可以提取30～40吨脂肪。它的肠子拉直起来长300～400米，光是血液就有10吨左右。

鲸的外形像鱼，但它并不属于鱼类，它和我们人类一样是哺乳动物，胎生，多数鲸鱼一胎生一仔。一头蓝鲸的仔鲸生下来就有7米多长，7吨重，由于母鲸的奶汁营养非常丰富，仔鲸每天可增长4厘米，增重100千克。

鲸虽然生活在海洋，但却不像鱼类用鳃呼吸，而是用肺来呼吸。鲸在呼吸时，鼻孔一张一闭，向上猛烈喷射水柱，这就是“潮柱”。其中蓝鲸的潮柱高达12～15米，且垂直向上，强劲有力。不同种类的鲸喷出的潮柱高度和形状有很大差别，捕鲸船常常是根据潮柱发现鲸，从而追踪这大海的庞儿。鲸的这一生理特征，很不幸地暴露了它的踪迹，使它的生命受到人类的威胁。

鲸一身都是宝，有很高的经济价值。鲸的脂肪可炼油；肉可食；皮可制革，是高级皮鞋、提包的面料；鲸须可制帽子；鲸骨、鲸齿可制工艺品、纽扣，提炼骨油和骨粉。鲸的肝脏可提取维生素，脾、肾脏可作药。抹香鲸肠内分泌的龙涎香更是名贵的香料。

正因为鲸具有很高的经济价值和广泛用途，灾难也随之降临在它的头上。人类很早以来就开始捕鲸，但是大规模的捕鲸是从20世纪开始的。以挪威为例，20世纪初挪威的捕鲸公司多达60多家，拥有海上捕鲸工厂船近40艘，150多只驱逐船。此外，英国、日本、德国、美国、阿根廷、巴拿马、苏联等国也纷纷派出捕鲸船队，涌向鲸群出没的南大洋。据统计，20世纪初的1910年，各国在南极海域的捕鲸量已达10000条，到30年代急剧上升，1930—1931年的夏季，捕鲸量增至37500条。据不完全统计，20世纪前50年，各国在南大洋捕获的鲸总共80万条，南大洋成了世界鲸类的坟墓。

人类对鲸的捕杀给世界上个体最大的鲸带来了毁灭性的灾难。据科学家估计，南大洋中鲸的生物量以前有 1900 万吨，现在剩下仅有 300 万吨，最大的蓝鲸只相当于原来的 5%，须鲸由本世纪初的 98 万头减少到现在的 34 万头，而且平均体重减少。许多鲸类已近乎绝迹了。但是一些国家对鲸的捕杀仍然没有中止。1950 年，当时的苏联造了一艘最大的鲸加工船，排水量 43000 吨。1961—1962 年南大洋又出现了二次大战后的捕鲸热，有 21 个船队挺进南大洋，其中有挪威 8 支船队、日本6支船队、英国3支船队，苏联和荷兰各2支船队。由于鲸的资源量减少，一些大的鲸像蓝鲸、鳍鲸、须鲸急剧减少，人们便去捕杀个体最小的鳁鲸。不过，现在越来越多的人已经意识到滥捕鲸是不明智的行为，到20世纪70年代，大多数国家鉴于社会舆论的巨大压力，已经停止了到南大洋捕鲸。1972年在联合国人类环境会议上，100多个国家通过决议，呼吁全世界暂停捕鲸10年，但是遭到少数国家的强烈反对。还有的国家如苏联、日本仍然无视国际社会的一致意见，继续捕杀已经濒于绝境的鲸。1987 年，国际捕鲸委员会作出决议，终止在南大洋进行商业性捕鲸，人们希望这个明智的决定能够遏止那些捕鲸者投向可怜的鲸的炮箭，使濒临灭绝的鲸能够

得以恢复生机，重新在大洋的怀抱里畅游。

当然，这是善良的人们的愿望。写到这里，我想具有音乐天赋的鲸，它们在 20 世纪所唱的歌，恐怕是悲哀的歌，痛苦的歌，充满生离死别哀婉之情的歌吧。1979 年 4 月，在智利南部与南极大陆遥遥相望的特瓦里诺岛上，发现 125 条大大小小的鲸的尸体，在此之前，关于鲸集体自杀的事件屡屡发生。1976年，纽芬兰与拉布拉多的波纳维斯他湾有400多头座头鲸集体自杀，1970年1月11日，有150头鲸类中的侏儒——伪虎鲸在美国佛罗里达半岛皮尔斯堡附近的海滩自杀。关于鲸鱼集体自杀的事件，更早的时候也出现过，科学家对这一现象也有各种不同的解释，但是这一现象的出现，在某种意义上，也是鲸惨遭不幸的一种象征吧。

8. 发光的虾

在我国首次南大洋考察时——那是 1985 年的南极之夏，中国海洋考察船向阳红10号在南大洋的惊涛骇浪中航行期间，船的后甲板分外忙碌。船尾五吨吊车的长臂挂着一只拖网，然后徐徐投入奔腾的大海，每个簇拥在后甲板的生物学家都怀着期盼的心情注视着那渐渐落入海中的拖网。

过了 1 个多小时或许更长些，铃声响起，固定在甲板上的电动绞车开动起来，开始把拖网提出水面。人们的心情更加激动。当飘浮的网具徐徐拖出水面，站在船舷旁边的人个个睁大眼睛。因为在钢缆末端，是一个网眼细密的白色圆柱形拖网，网具下面有个有机玻璃的圆筒，当圆筒泛出鲜红鲜红的颜色时，顿时一片欢腾。因为那里面有不少珍贵的磷虾。

这是南大洋捕捞磷虾的动人的一幕。由于这是科学家为了进行考

察而捕捞磷虾，所以网具很小。如果是商业性捕捞的远洋渔船，它的网具可就大得多了。

南极的磷虾，是生活在冰冷的南极海洋的甲壳类浮游动物，因为数量多，喜欢成群密集，它的体内有一个微红色的球形发光器，夜间在海面上能发出粼粼荧光，所以通称磷虾。其实磷虾的种类很多，全世界有 85 种，分布的范围也很广泛，但南极磷虾是指分布在南大洋的一种大磷虾，它体长一般 4～5 厘米，最大的可达 7 厘米。有时，大的磷虾群形成 500 米长、几百米宽的规模，以致海水都变了颜色，那可是相当壮观的。

小小的磷虾为什么知名度这么高，而且引起世界各国生物学家的高度重视呢?

从 1977 年至 1986 年，全世界开展了一项国际科技合作计划，叫做“南极海洋系统和资源的生物学考察”，为期 10 年，有十几个国家参加了这项考察计划。在 1980—1981 年和 1983—1984 年南半球的夏季，每年都有各国的十几艘科学考察船在广阔的海洋上日夜不停地进行调查。

各国的科学考察船调查些什么呢？中心课题就是查明南极磷虾的资源量，和以磷虾为核心的南大洋生态系统，其中包括鲸、海豹、企鹅、鱼类、头足类以及磷虾之间的关系，还有它们的个体生态学特征、现存的生物量等。

原来，磷虾看起来似乎毫不起眼，但是它对南大洋里众多的生物是至关重要的，甚至在南极的生物世界也是一个举足轻重的角色。科学家把磷虾称为南大洋生态系统的一把钥匙，也就是同样的意思。

因为在南大洋的众多生物之间形成一个相互依存的食物链，磷虾是靠海水中大量的以硅藻为主的浮游植物为饵料的，南大洋的海水中营养盐特别丰富，所以浮游植物也大量繁殖，为磷虾提供了取之不尽的食物。另一方面，磷虾本身又是许多生物的食物，大到鲸、海豹，小到企鹅和其他鸟类，还有许多南极鱼类、头足类也以磷虾为饵料。像蓝鲸、长须鲸和座头鲸的食物中，磷虾占了 80%，人们发现，哪里有磷虾，哪里就有鲸在出没，而鲸群的活动范围往往也是磷虾的密集区。鲸的食量大得惊人，一头蓝鲸一次能食一吨磷虾，每天要吃 4～5 吨磷虾。由于南大洋的磷虾特别多，所以一到南半球的夏天，鲸鱼便千里迢迢来到南大洋觅食。企鹅的主要食物也是南极磷虾，据统计，南极的企鹅每年捕食的磷虾约有 3317 万吨，这个数字相当于鲸鱼捕食磷虾的数量的一半。因为每只企鹅平均每天进食 0.75 千克，根据现有企鹅的数量不难推算磷虾的消耗量。而且，科学家认为，根据企鹅栖息地的变化以及繁殖后代的数量，可以推算磷虾分布和它的资源量。

近年来，人们发现一个值得注意的迹象，这就是南极半岛周围的企鹅正在急剧增加，究其原因，是因为鲸大大减少的缘故，由于鲸减少，磷虾的繁殖量也大大增加，企鹅有了充足的食物来源，所以数量有了明显的增长。

可以看出，磷虾在南大洋生态系统中所占的地位十分重要，有人将磷虾比作南极生物大厦的基石是十分贴切的。为了进一步探明南极生物之间的微妙关系，对磷虾的研究已经成为南极研究的一项重要课题。

世界各国合作开展对磷虾的研究，还有一个十分迫切的现实意义。因为从20世纪60年初，当时的苏联第一次派出远洋渔船到南大洋捕捞磷虾以来，这发光的小虾已成为各国争夺的生物资源，智利、德国、日本、波兰、韩国的渔船也竞相捕捞磷虾。1981年至1982年，磷虾捕捞量为529505吨，其中90%是当时的苏联捕捞的，这个数字相当于我国每年捕捞带鱼的数量。

磷虾之所以引起许多国家的兴趣，是因为它含有营养丰富的蛋白质，所含蛋白质和牛排、龙虾差不多，而且味道鲜美可口。目前有的

国家将它制成磷虾酱在市场出售，还准备加工成饲料或肥料。由于南大洋的磷虾资源相当丰富，一种乐观的估计是50亿吨之多，也有人认为只有10亿至20亿吨。不管怎样，这是一个相当诱人的数量，不少人据此提出，磷虾是人类未来的蛋白资源。

多数科学家对此比较谨慎，他们认为要合理地利用磷虾资源，首先要摸清南大洋究竟有多少磷虾。另外更加重要的是，每年捕捞多少磷虾合适，才会不致影响南大洋的生物生存，不会破坏生态平衡。因为磷虾在南大洋生态系统中的地位非同寻常，一旦磷虾的资源因过量捕捞而急剧减少，就将产生一连串连锁反应，那些依靠磷虾为主要食物的生物（海豹、企鹅、鱼、其他鸟类）就会因缺乏食物而死亡，而遭受打击最大的恐怕要数已经稀少的鲸了。

因此，科学家们提出警告，不要忙于捕捞磷虾，为了人类的长远利益，合理地利用和开发南极的生物资源（其中也包括磷虾），还是先让科学去领路吧。因为只有认识了南极，才能谈得上利用南极和开发南极。

在这方面，人类已经有过许多惨重的教训。

结束语

今天，人类对南极的探险已进入一个新的时代——常年考察站考察时代。

100 多年来，人类经过艰苦的帆船探险时代，悲壮的英雄探险时代和为时不长的航空考察时代，许多勇敢的探险家长眠在茫茫冰原，许多坚强的航海家安息于黑暗的冰海，正是包括他们在内的各国科学家的共同努力，付出了巨大的代价，蒙在南极冰原上的神秘面纱开始揭开了。

但是，这仅仅是第一步。为了用现代科技手段探索南极的秘密，取得系统的完整的资料，以便将来有一天能够开发利用南极的资源，为全人类造福，从20世纪 50 年代起，各国相继在南极大陆及附近岛屿建立常年科学考察站以及冬季无人的夏季站。到20世纪 80 年代初，已有 18 个国家在南极建了 40 多个常年科学站，另外还有 100 多个夏季站，这些国家包括阿根廷、美国、澳大利亚、智利、南非、新西兰、日本、波兰、法国、英国、挪威、比利时、德国等，他们的国旗高高飘扬在南极冰原的上空。

除了建站定点进行常年的科学观测，各国还单独或联合进行多学科的科学考察。像 1957 年至 1958 年的国际地球物理年期间，有 12 个国家在南极设立了 62 个观测站，动员了 62 个国家 3 万多名科学家在全球的陆地和海洋上1000多个观测点进行研究和观测，光是南极地区就有上万名科学家在陆上和海上工作，成为人类有史以来最大规模的国际科学大协作的典范。

各国还在南极的暖季，组织考察队进行长距离的野外考察，向南极点挺进。英国、日本相继到达了南极点。除此之外，还有大量的科学考察船乘风破浪，在南大洋进行海上高空气象学、海洋学、地球物理、海洋地质、生物、水文等学科的综合考察。

20世纪80年代，古老的中华民族的航船，迎着改革开放的历史大潮，扬帆万里，远渡重洋，把10亿中国人的一片赤诚献给南极冰原。1985年我国在南极乔治王岛建起第一个南极考察基地——中国南极长城站，1989年2月26日我国又在南极大陆拉斯曼丘陵建成第二个科学考察基地——中山站，从此鲜艳的五星红旗在南极的暴风雪中高高飘扬，中华民族在南极有了立足之地。我国的南极事业虽然比西方晚了两个世纪，但我们却用了不到十年的时间迎头赶上。中国人将在南极国际俱乐部和各国朋友携手合作，为人类和平利用南极作出应有的贡献。

今天，屹立在风雪中的各国科学站，是国际合作的象征，也是人类向南极挺进的桥头堡，这里没有国界之分，也没有警察和军队，和平的旗帜高高飘扬，科学的光芒普照大地，从此人类在南极将展开一个比英雄时代更加辉煌的新时代。

比起地球上其他文明大陆，南极大陆毕竟是人类刚刚接触的陌生世界。这里还有大片地区从来没有人类的足迹，恶劣寒冷的气候和巨厚的冰原，极大地限制了科学家活动的范围。应该坦率地承认，人类今天对南极的认识和了解还很肤浅，即使是现有的知识也一定会随着科学探索的深入而不断更新。人类现在是站在这位白色巨人的脚下远远地窥望，我们永远也不敢轻率地回答已经对他彻底了解。南极还有许多奥秘没有揭开，这需要一代又一代人的顽强努力，尤其是需要一批又一批不畏艰苦、不怕寒冷、富有牺牲精神的年轻人去献身南极事业。

南极是属于未来的，南极是属于年轻一代的。期望我国富有朝气、热爱科学、勇于探索的年轻一代，投身于南极考察事业，去揭开这个白色世界无数的“奇妙”。